超有趣的美食大冒险

守护食物安全

我是小魔 著

江苏凤凰文艺出版社
JIANGSU PHOENIX LITERATURE AND ART PUBLISHING

目录

第一章　水果世界大冒险

家庭食物安全篇

第二章　零食世界大冒险

校园周边食物安全篇

第三章　肉食世界大冒险

餐馆食物安全篇

人物介绍
小魔
XIAOMO
来历成谜的柯基犬，
腿长只有 8 厘米，
但头脑里充满智慧，
对食物相关的知识了如指掌！
目前暂住在咕咕咕家。
口香糖

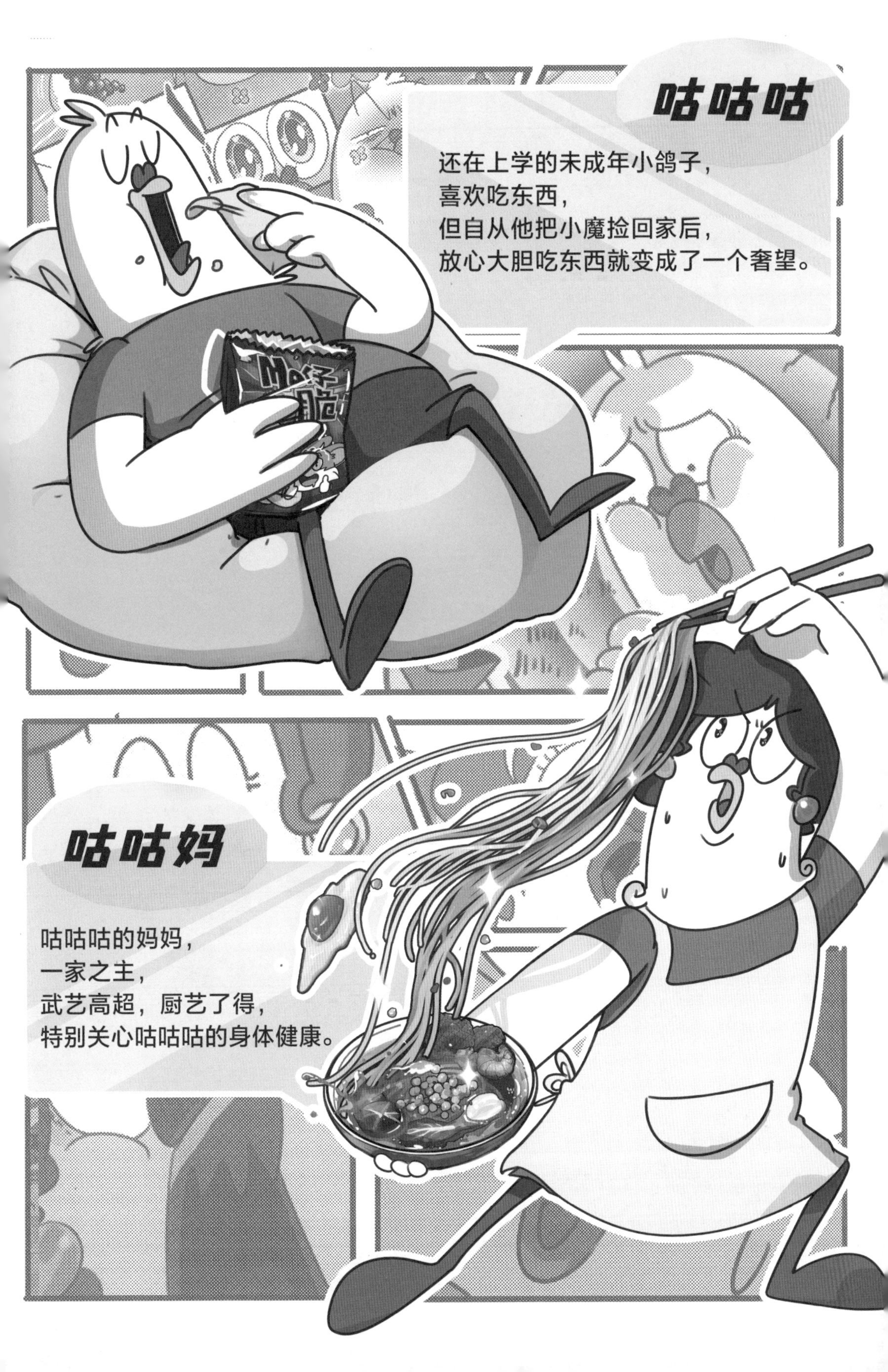
咕咕咕
还在上学的未成年小鸽子，
喜欢吃东西，
但自从他把小魔捡回家后，
放心大胆吃东西就变成了一个奢望。
咕咕妈
咕咕咕的妈妈，
一家之主，
武艺高超，厨艺了得，
特别关心咕咕咕的身体健康。

序

捡到一只神奇的小狗

大家好，我是小魔。
你的科普大师！

很多人问我，狗生短短十几年，吃喝玩乐多好啊。
ZZZ
为什么要来做食物科普？

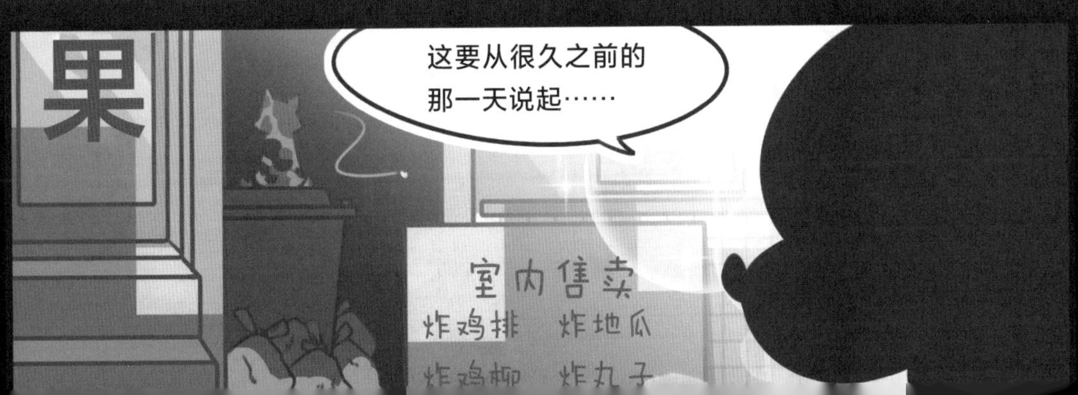
果
这要从很久之前的那一天说起……
室内售卖
炸鸡排 炸地瓜
炸鸡柳 炸丸子

咣当!
呜——
呜——
汪!

垃圾
咕噜噜……
室内售卖
炸鸡排 炸地瓜
炸鸡柳 炸丸子

咕咕咕家
妈！我要养狗！
养啥狗，我瞅你像狗！
哎呀妈呀，真有条狗！
妈，这是我救的流浪狗，叫小魔。
他说要留下来报恩。
不行！我养你一个都费劲儿。
我可以负责喂他！
当我不知道你啊！你就是三分钟热度……

妈！！！
妈，你咋啦？！
疼……肚子疼……
啊！！我也……
好疼……
正在拨号
120

医院
哎哟……哎哟……
我这是……怎么了?
我看到厨房有
泡剩下的木耳,
泡发时间推测在 1 天以上。
可能已经产生毒素
“米酵菌酸”。
吃了可能导致腹泻、
呕吐等症状。

我就和医生说了，
医生也确诊了。
咋回事，我
刚才……
儿子。
嗯？
我要养狗！
养！

就这样，从那一天起，
我住进了咕咕咕家。

每天给他们科普各
种食物安全知识。
葡萄上的白霜是农药？
能不能放心大胆吃？
橘子吃多了人会变黄？
能不能放心大胆吃？
苹果烂了一小块儿，
切掉后能放心大胆吃吗？
帮助他们吃得放心，
胖得明白！

希望也能帮到看这本书的你！

家庭食物安全篇

第一章

水果世界大冒险

妈妈说，吃水果能补充维生素！
所以妈妈每天都会给咕咕咕准备水果，
监督咕咕咕吃掉。

可是，小魔敏锐的鼻子却闻到，
水果中可能潜伏着危险，
不一定能放心大胆吃。

这是真的吗？我们一起来看看！

第一集

苹果烂了一小块，还能吃吗？

苹果烂了一小块，
切掉后能放心大胆吃吗？

妈……我饿……
我看看……
嗷呜，饿……
还剩最后一个苹果！

我吃！！
我吃！！

你一只鸽子吃什么苹果？
你不是刚吃完狗粮吗？怎么还饿？

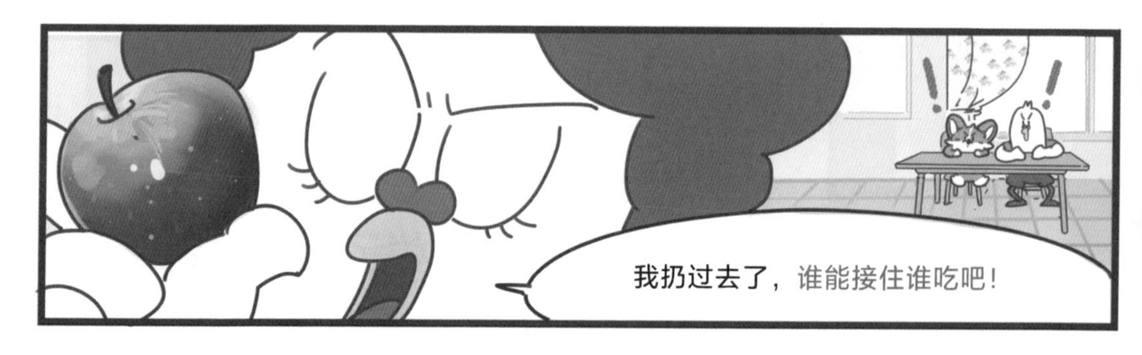
我扔过去了，谁能接住谁吃吧！

走你！！
哈啊！
哇啊啊！

唰！

啪！
—接住—

哼哼……
好……好狡猾……

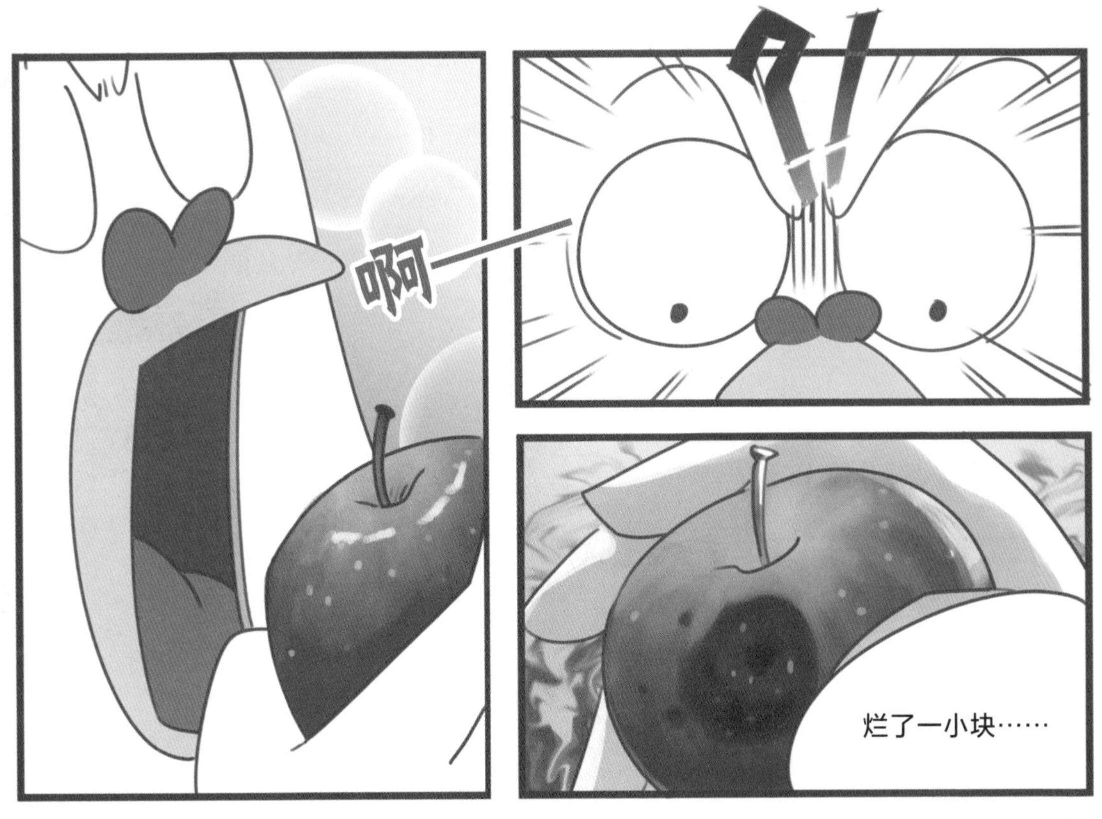
啊
烂了一小块……

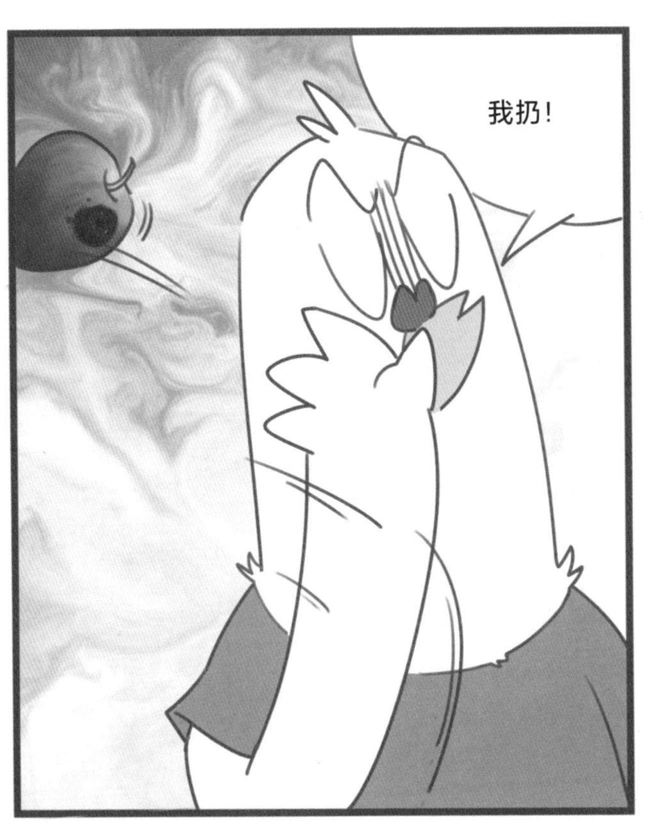
我扔！

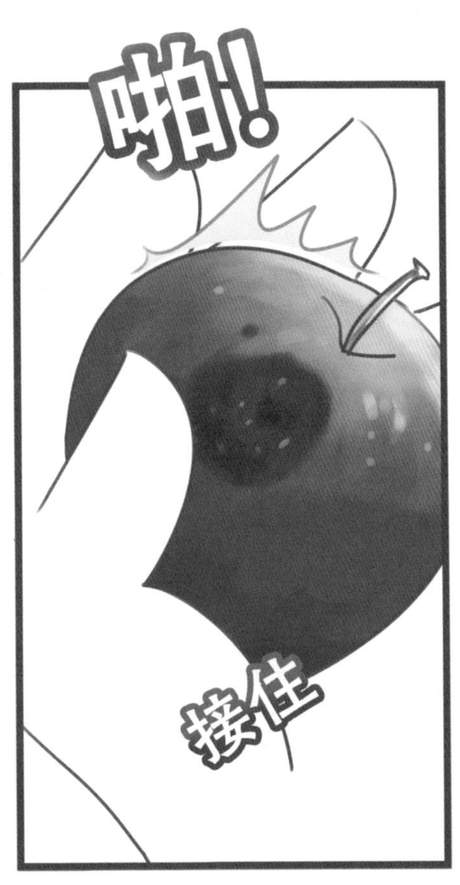
啪！
接住

咕咕妈
不能扔啊！

切掉烂的，这
还能吃呢！
削
哦……
不准扔了啊，吃！
好……
啊——
不能吃啊！

想知道烂苹果能不能吃，要先判断是什么原因导致苹果烂掉的！

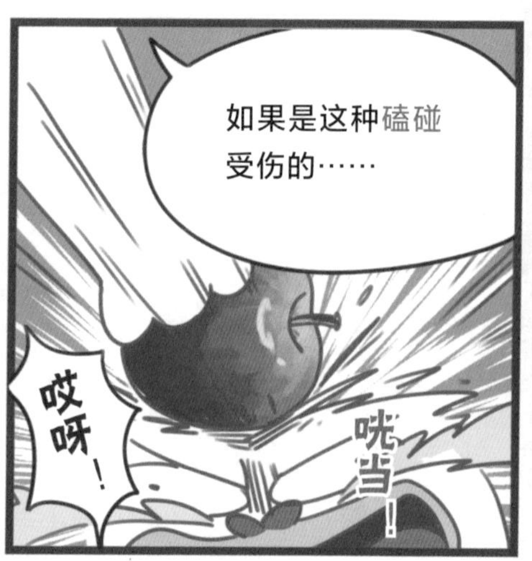
如果是这种磕碰受伤的……
哎呀！
咣当！

这种属于外伤，是可以放心吃的！
外伤
咱家不是只剩一个苹果吗……你咋又掏出来一个？

但你刚才吃的，是因为发霉烂掉的苹果！

发霉属于内伤哟！
？

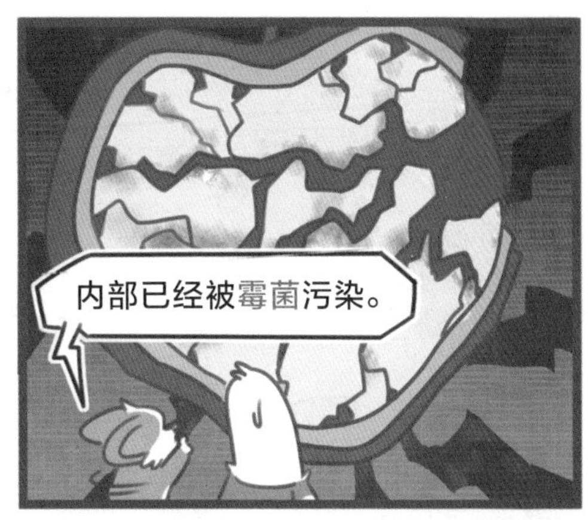
内部已经被霉菌污染。

霉菌……

霉菌会产生毒素，
吃了可能会中毒。
点头

这可得扔。

接住
啪！！

啪！
啪！
啪！
啪！
不能扔啊！

有毒的地方已经切了，
剩下的没毒，可以吃。
呜……

这个是发霉了……
有毒……

还有毒？！
我是你后妈啊？
小……
给我吃！
小魔救……

吃！
吃！
吃！
呜……
咕咕妈……
你听我给你解释……
吃！
呜……
呜……
发霉的苹果里有
一种毒素……
吃！
吃！吃！
吃！
叫……

叫展青霉素……
对人体伤害大！

有啥素也不能扔！
吃！
呜……

既然这样……

出来吧！
展青霉素！

国际癌症研究机构，将展青霉素
列为第三类可疑致癌物。
致癌
嘿嘿嘿嘿……

我可能会诱发哺乳动物癌变，
嘿嘿嘿嘿……
癌变

并且具有肠毒性、肾毒性、免疫毒性、生殖
毒性，可能伤害人体内的多种器官！

妈妈，我怕……
真的有展青霉素……
嘿……

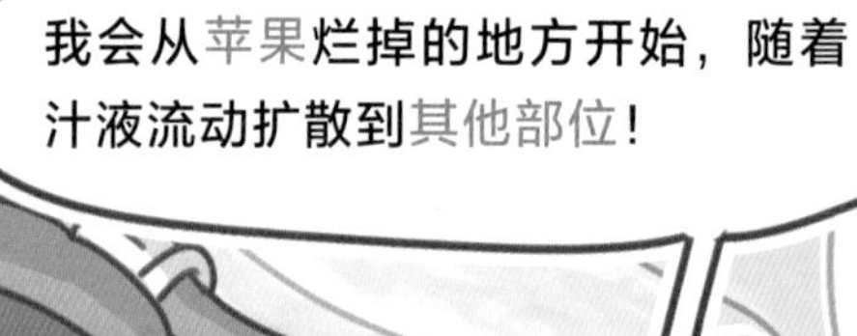
我会从苹果烂掉的地方开始，随着汁液流动扩散到其他部位！

有研究发现，发霉苹果中，看起来完好的部位……

展青霉素含量达到了发霉部位的10%～50%！

妈，扔了吧……
还真挺厉害啊……

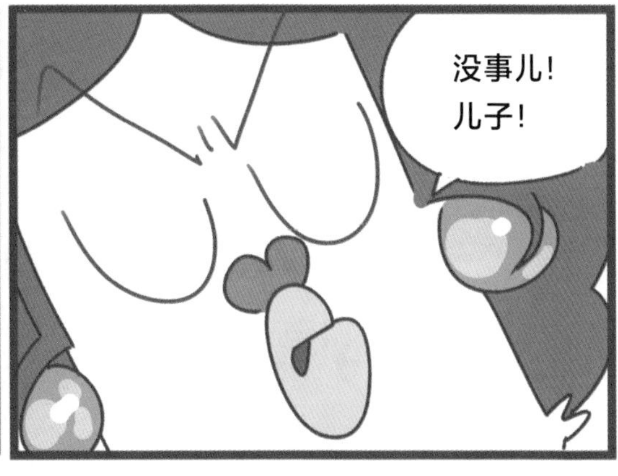
没事儿！
儿子！

加热一下就能吃了！
扑通！

加热也不行啊！

加热虽然能杀死一些霉菌，
但不能杀死展青霉素！
它不仅不怕高温……
它还会……

游泳！
噗！
噗！

所以发霉一小块的烂水果，一定不能吃，要赶快扔掉哟！
妈你看，这游得还挺起劲儿呢！

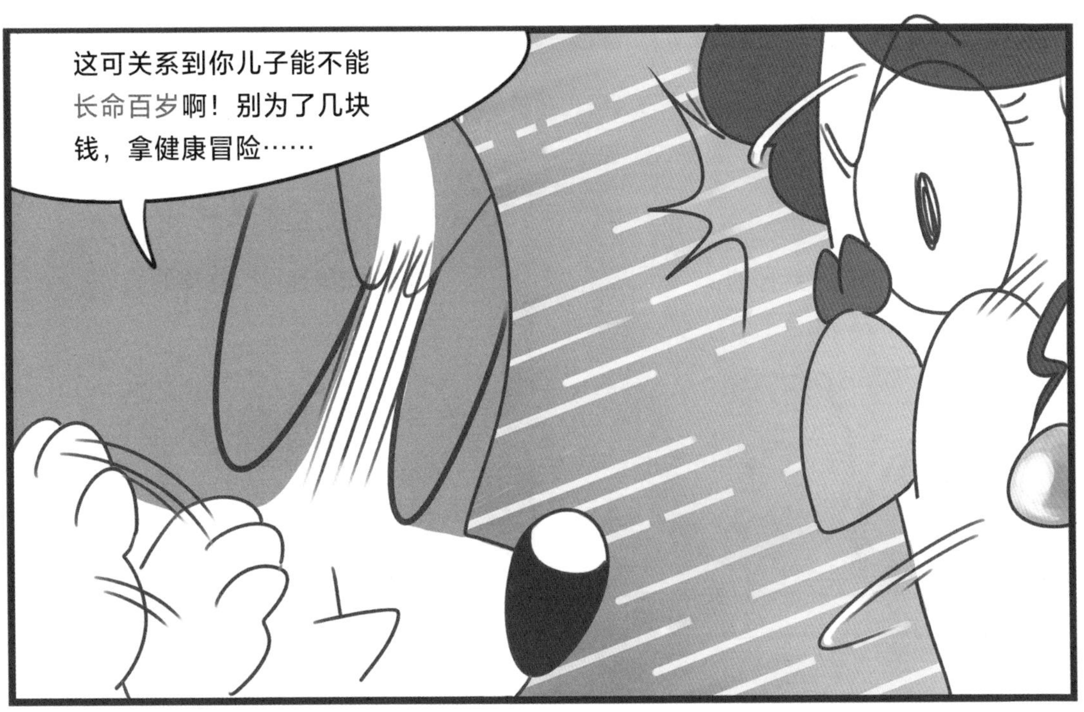
这可关系到你儿子能不能长命百岁啊！别为了几块钱，拿健康冒险……

几块钱不是钱哪！
98！
99！
加油！还剩一圈就100啦！

小魔的神奇课堂

小魔你刚刚都讲啥了，我又忘了……

我再说最后一遍！！

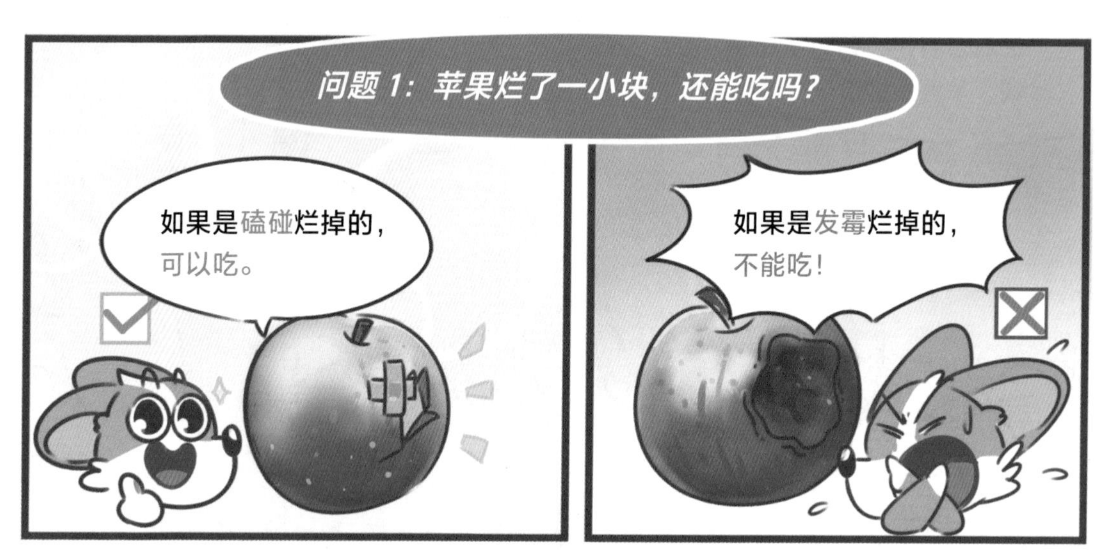

问题 1：苹果烂了一小块，还能吃吗？
如果是磕碰烂掉的，可以吃。
如果是发霉烂掉的，不能吃！

问题 2：吃了发霉的苹果，你会怎样？
国际癌症研究机构，将展青霉素列为第三类可疑致癌物。展青霉素可能会诱发哺乳动物癌变。
并且具有肠毒性、肾毒性等。吃了发霉的苹果，你体内的多种器官都可能受损！

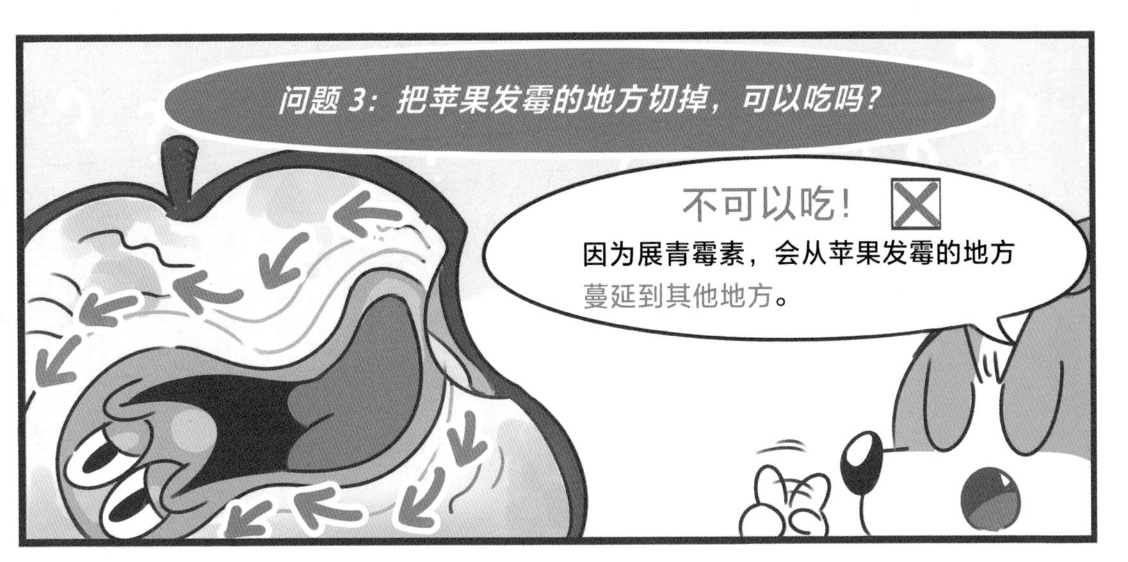
问题 3：把苹果发霉的地方切掉，可以吃吗？
不可以吃！
因为展青霉素，会从苹果发霉的地方蔓延到其他地方。

问题 4：把发霉的苹果加热杀菌后，可以吃吗？
不可以吃！
因为展青霉素不怕高温。

太神奇了！我学会了！
你学会了吗？

第二集

橘子吃多了，人会变黄吗？

橘子吃多了人会变黄吗？
能不能放心大胆吃？

儿子！学习累了吧，吃点橘子补补维生素 C！
妈……你咋不敲门就进来了……

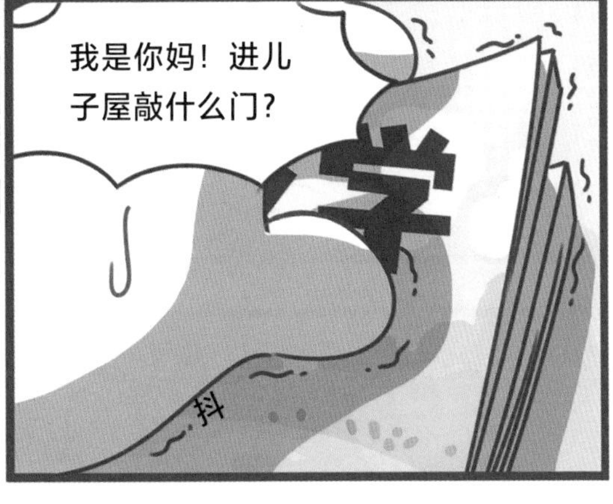
我是你妈！进儿子屋敲什么门？
学
抖

作业写多少啦？
快……快写完了！

学累了就歇一会儿。
手机
好……

好了……你出去吧……
我要继续学习了……
我再看会儿我儿子，学
习的样儿真招人稀罕！

怎么有人挂机了！！
要输了！快上线！！

拿

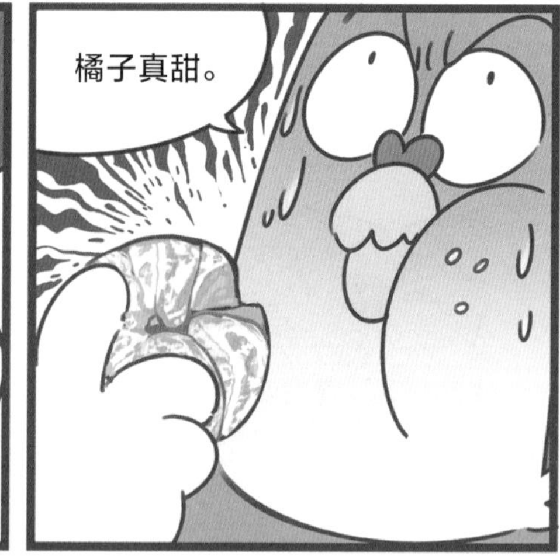
橘子真甜。

又偷拿我手机打游戏！！！
呜呜呜呜呜……我再也不敢了……
写完赶紧睡觉！
好……
过了一会儿……

呜……呜……呜……
呜……

呜……呜……
我不想活啦……

咕咕咕你哭什么？
小魔，我没脸见人了……

呃……别哭了……你到底怎么了？
呜……呜……
！

我变黄了！
哇！！！

我是不是得绝症了……
小魔……

我知道你为什么这么黄了……

是你吃太多橘子，才变黄的！
为啥橘子吃多了我会变黄？

因为橘子里含有丰富的 β- 胡萝卜素！
β-胡萝卜素
我是天然色素！吃太多我，
你的皮肤就会变黄哟！

橘子？ β-胡萝卜素？

嗬。
不要编这种谎话安慰我了，

?!

我去意已决。
哇！

* 危险动作 请勿模仿

我没骗你！
很多深色水果和蔬菜里都有 β- 胡萝卜素！
比如橘子、南瓜、胡萝卜……
没错！

只不过，当年人类是先从胡萝卜中发现了我……

大家才叫我 β- 胡萝卜素！

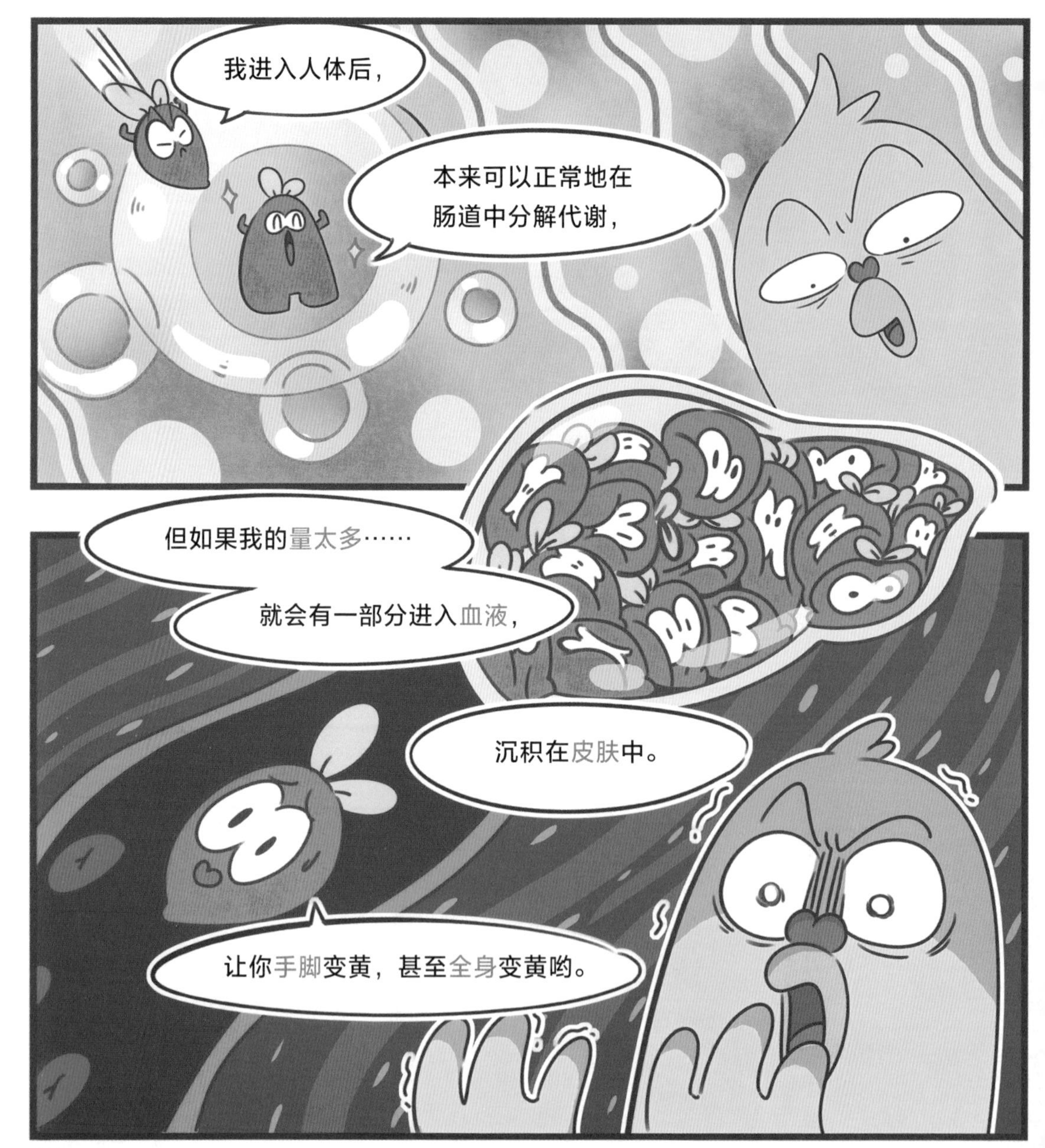
我进入人体后，
本来可以正常地在肠道中分解代谢，
但如果我的量太多……
就会有一部分进入血液，
沉积在皮肤中。
让你手脚变黄，甚至全身变黄哟。

* 危险动作 请勿模仿

别瞎想！
多喝点水，一般 2～6 周就能恢复了……
哎……你早说啊……

都怪我妈！
一次给我拿这么多橘子干吗！
啪！

……

我又没让你一次性吃完！
不准浪费！！
呜呜呜……我再也不吃橘子了……
橘子里胡萝卜素太多了……

凡事过犹不及。

β－胡萝卜素本来是好东西，
只是不能吃太多！
β-胡萝卜素

β－胡萝卜素可以在人体内转化成维生素 A！
维生素A
如果缺少维生素 A，
可能导致……

夜盲症，

干眼症，

皮肤干燥。

作业让我检查一下。
等我喝完水……
我是小魔！你的
科普大师！

小魔的神奇课堂

小魔你刚刚都讲啥了，
我又忘了……

我再说最后一遍！！

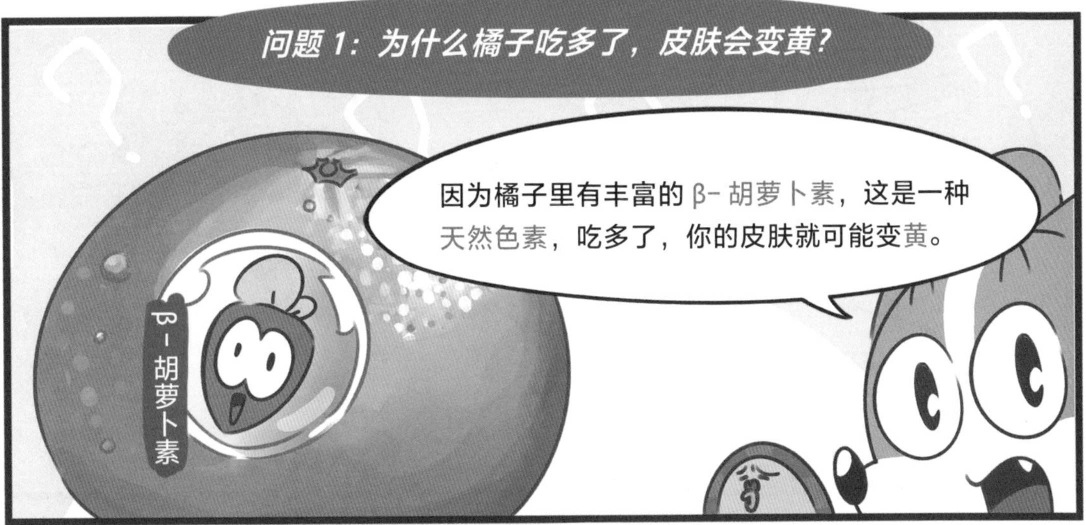

问题1：为什么橘子吃多了，皮肤会变黄？
因为橘子里有丰富的β-胡萝卜素，这是一种天然色素，吃多了，你的皮肤就可能变黄。
β-胡萝卜素

问题2：橘子里为啥有β-胡萝卜素？不应该是橘子素吗？
β-胡萝卜素，天然存在于很多深色水果和蔬菜中，比如橘子、南瓜、胡萝卜……
只不过最早人们是在胡萝卜里发现它的，所以这么称呼它。

问题 3：这种病症，叫什么？
叫胡萝卜素血症。
「胡萝卜素血症」

问题 4：得了胡萝卜素血症后，应该怎么办？
多喝点水，一般 2～6 周就会恢复正常。

太神奇了！我学会了！

检查作业！！！
我还没喝完！
你学会了吗？

第三集

香蕉是用药水泡熟的吗？

香蕉用药水泡过？
能不能放心大胆吃？

妈，我饿……
咕
咕

饭马上做好了！
你先写会儿作业！
唉……

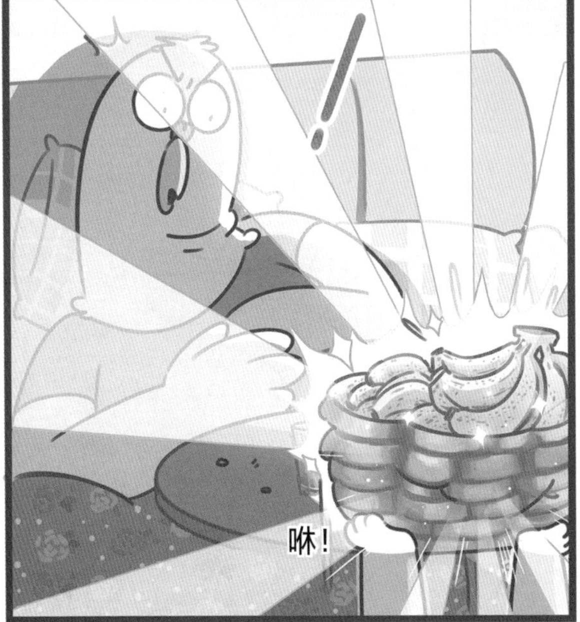
！
咻！

兄弟，吃！

没想到……

没想到你竟然对我这么好哇！啊啊啊！！！

咔嚓！
吃完帮我把作业写了就行。

我！！
嘶————

我写！！！
谢谢！

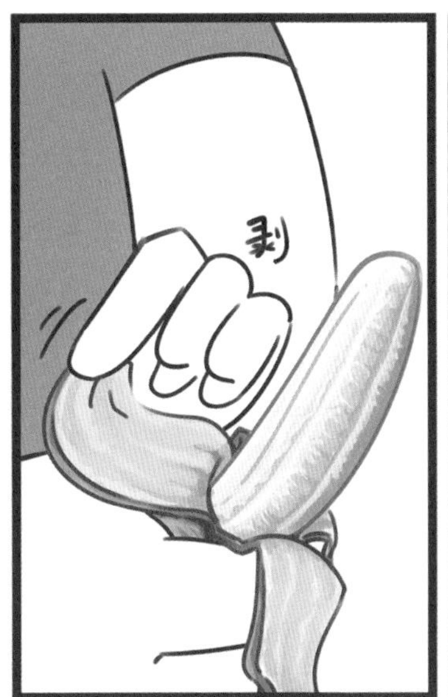
剥

啊呵——

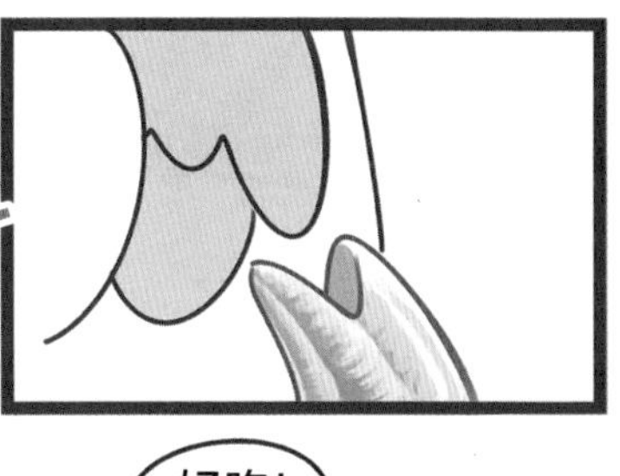

好吃！
好吃！
好吃！

不能吃啊！

网上说了，你吃的香蕉
都是用药水泡出来的！

小魔说这个香蕉很安全，
可以放心大胆吃啊……

为啥泡过药水的香蕉
还能是安全的呢？

因为……因为您说的药水
是用来催熟的……

催熟？！
啥催熟啊？

咳咳……

既然你们诚心诚意地发问，
那我就告诉你们！
催熟香蕉用的药水叫“乙烯利”。
乙烯利
我的作用是催熟香蕉！

因为熟透的香蕉容易坏！
容易坏
果农为了方便运输和储存，会在香蕉七成熟左右就摘下来！
七成熟
出售前再用乙烯利把香蕉催熟！
这是国家允许的，放心吃。

妈，
小魔说这药水可以催熟。

我吃了不会也被催熟吧！

咳咳……

既然你们又诚心诚意地发问，
那我就再告诉你们！

乙烯利是一种植物调节剂！
乙烯利
我只能催熟植物，不能催熟人类！

就算香蕉上的药水
不能催熟人……

那也有可能中毒啊!
中
毒

不会中毒。

食品安全国家标准
食品中农药最大残留限量
GB2763-2021
≤ 2毫
我国对食品中乙烯利的
残留量有严格规定!
每千克香蕉的乙烯利残
留量不能超过 2 毫克!

检验合格后出售的香蕉，
吃了是不会中毒的。

万一路边小商贩想害我儿子，
使劲儿往里放药水该咋办呢？

咳咳……

既然你又又又
一次发问……

快说！
哇！

乙烯利放多了不但增加成本……
还会导致水果成熟过度，容易腐烂……
商家才不愿意多加呢……
那行！
儿啊，继续吃吧！
妈喂你！
我是小魔，你的科普
大师。

小魔的神奇课堂

小魔你刚刚都讲啥了，
我又忘了……
?

我再说最后一遍！！

问题 1：香蕉是用药水泡出来的吗？
确实存在一种叫乙烯利的液体，可以兑水稀释之后，用来泡香蕉，或喷在香蕉表面。
乙烯利

问题 2：为什么要用乙烯利来泡香蕉？
因为熟透的香蕉容易烂，果农会在香蕉七成熟左右就摘下来，运输到各地，出售前再用乙烯利催熟。

问题 3：吃了催熟的香蕉，会把人也催熟吗？
乙烯利
乙烯利是一种植物调节剂，
只催熟植物，不能催熟人。

问题 4：吃了乙烯利泡过的香蕉，会中毒吗？
食品安全国家标准
食品中农药最大残留限量
GB2763-2021
≤2毫克
我国规定，每千克香蕉的乙烯利残
留量不能超过 2 毫克，检验合格后
出售的香蕉，吃了不会中毒。

太神奇了！我学会了！
你学会了吗？

第四集

1颗杨梅竟然有6条虫子？

1颗杨梅有6条虫子？
能不能放心大胆吃？

来，儿子，吃点杨梅，补充维生素B和维生素C！

杨梅！我最爱吃杨梅啦！

啊
Hi!

有虫！
啊啊啊啊！
啊啊啊啊！

吵死啦！
咣！

小魔小魔！我刚买的杨梅里有虫！

杨梅里有虫是很正常的！
什么……

杨梅里咋能有虫呢？

这都怪
杨梅自
己……

它不像桃子有果皮保护，
杨梅能吃的部分就在最外面！

既方便你吃，

嗖！
也方便虫子吃！

农民伯伯太偷懒了，
农药也不打……
呲！
咔！
嘭！
不是我偷懒！
不能打农药！
需要马上全部卖出去！
现在打农药会有残留！
小朋友吃了不好！
MoGo567
咣当！

突突……
突突……
突突……
突突……
杨梅成熟时香味太浓，
会招来大量果蝇。
果蝇是一种体长一般为
3～4 毫米的昆虫，喜欢
在水果中生活和繁殖。

果蝇会在香香的杨梅里生出果蝇宝宝（幼虫）。
据统计，每 100 颗杨梅里，平均有 616 条虫。
咕？
相当于每 1 颗杨梅里大约有 6 条虫哟。
太可怕了……小魔居然还能笑得这么欢……
数据来源：《植物保护》2015 年

Hi!
妈妈说我很干净。

我们从小吃杨梅长大，
从没接触过有害细菌。

我不会伤害你的……
谁信啊！

吃了你，眼
睛里不得长
寄生虫……

不会！！！
嗖！
哐！

即使我们吃的杨梅里有果蝇宝宝，
胃酸也会很快消化掉它们！
扑通！

可以放心大胆地吃！
不……不吃……
我还是硌硬……
gè

那你就用盐水泡 15 分钟，
果蝇宝宝自己就跑出来啦！
我吃！！你不要过来啊！
哇哇哇！！！

小魔的神奇课堂

小魔你刚刚都讲啥了，我又忘了……

我再说最后一遍！！

问题 1：杨梅里为啥有虫？
因为杨梅不像桃子有果皮保护果肉，杨梅能吃的部分就在最外面，很方便虫子吃。

问题 2：一颗杨梅里大约有多少条虫？
根据统计，每 100 颗杨梅里，平均有 616 条虫，相当于 1 颗杨梅里大约有 6 条虫。

问题 3：为什么不打农药除虫呢？
杨梅成熟时，香味特别浓，会吸引果蝇过来产卵。
因为杨梅马上要售卖了，如果这时打农药会有残留，吃了对身体不好，所以不能打。

问题 4：有虫的杨梅能吃吗？
杨梅里的虫是果蝇幼虫，从小吃杨梅长大，十分干净，如果不小心吃下去，也对人无害。

问题 5：不想吃到有虫的杨梅怎么办？
可以用盐水把杨梅泡 15 分钟，把虫泡出来再吃。

太神奇了！我学会了！
你学会了吗？

第五集

畸形草莓是什么导致的？

jī
畸形草莓是什么导致的？
能不能放心大胆吃？

来！今天给你们
整个新花样！

水果盲盒！

啥破盲盒啊，
就 1 粒葡萄。

拿来！我给你开！

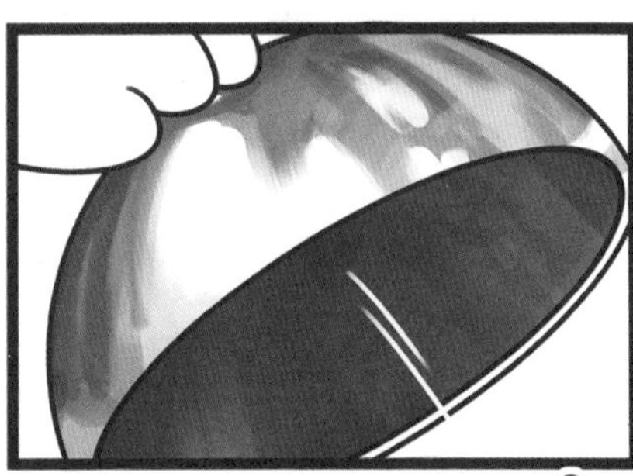

!

大草莓！！！
啊——
咻——
emmm……

草莓太好吃啦！

狼吞虎咽

卡住

我来救你！
哇！！
这颗草莓长得这么怪，真的没问题吗？
草莓畸形很正常！
授粉不均匀
是授粉不均匀导致的。

当草莓还是花的时候，
嗡
嗡
如果每一个花蕊都能得到授粉……
嗡
草莓就能长出漂亮的形状！
嗡
但是……
如果有些花蕊没有成功授粉……
凄
凉

草莓就会长得不匀称，变得畸形！
畸形体！

就算草莓畸形是正常的，
但这草莓也太大了吧！
肯定打激素了，不吃了。
嘭!!
不许浪费!
哇!
哇!
哇!
膨大剂
péng
他说的激素叫“膨大剂”。

我膨大剂，确实能让草莓变大！
膨大剂

但也会让草莓的味道变差！
还不易保存！

所以很少有果农这么干！
放心吃吧！

emmm……
还挺甜！应该没打膨大剂！

那它咋能长这么大呢？！

因为品种好！
品种好
比如它……
我是红颜草莓！
草莓说话了！
妈是章姬草莓！又香又甜，但
体比较娇弱，不适合运输。
我爸是幸香草莓！个子比妈妈小，
但身体倍儿棒！适合运输。
Hi!
Hi!
我专挑爸妈的优点长，又香
又甜，而且身体倍儿棒！
哇!
这种又大又甜的草莓，都是杂交出来的优质品种哟！

还有果农的种植技巧，能让草莓后天变大！
通常一个草莓枝上会长大约 7 个草莓。
果农会掐掉一些，只留一两个！
把全部营养用来供应这一两个草莓，能不大吗？！
原来草莓是被喂胖的！
我是小魔，你的
科普大师！

小魔的神奇课堂

小魔你刚刚都讲啥了，
我又忘了……

我再说最后一遍！！

问题 1：草莓形状很奇怪，是不是打了激素？
草莓畸形很正常，是授粉不均匀导致的。

问题 2：授粉不均匀是什么意思？
当草莓还在开花、没结果的时候，如果每一个花蕊都能得到授粉，
草莓就能长出漂亮的形状。
如果有些花蕊没有成功授粉，草莓就可能畸形。

问题 3：草莓长得特别大，是不是打了激素？
确实存在一种叫膨大剂的植物激素，它能让草莓变大，但也会让味道变差，所以很少有果农会用它。
如果你吃的草莓很甜，那应该没打膨大剂。

问题 4：如果没打激素，为什么草莓会又大又甜？
一般是因为品种优秀，比如红颜草莓这个品种，天生又大又甜。
另外，果农高超的种植技巧，也能让草莓又大又甜。
太神奇了！我学会了！
你学会了吗？

第六集

葡萄上的白霜是什么？

葡萄上的白霜是什么？
能不能放心大胆吃？

小魔，作业借我抄抄。
没门儿。

孩儿们！学累了吧！
吃点葡萄！

我最爱吃葡萄了！
我最爱吃葡萄了！

啊
咻!
咻!
咻!
啊
啪!
先别吃!

大家看这葡萄上的白霜……
这都是农药啊！千万不能吃！

别胡说！！
砰！

至于吗？你这下手也太狠了！！

葡萄上的白霜
不是农药！
没错！
葡萄君

我在长大的过程中，会自己分泌出一种物质叫果粉。
也就是你说的白霜。
粉
我可不是农药哟！
所以果粉……
有什么用？

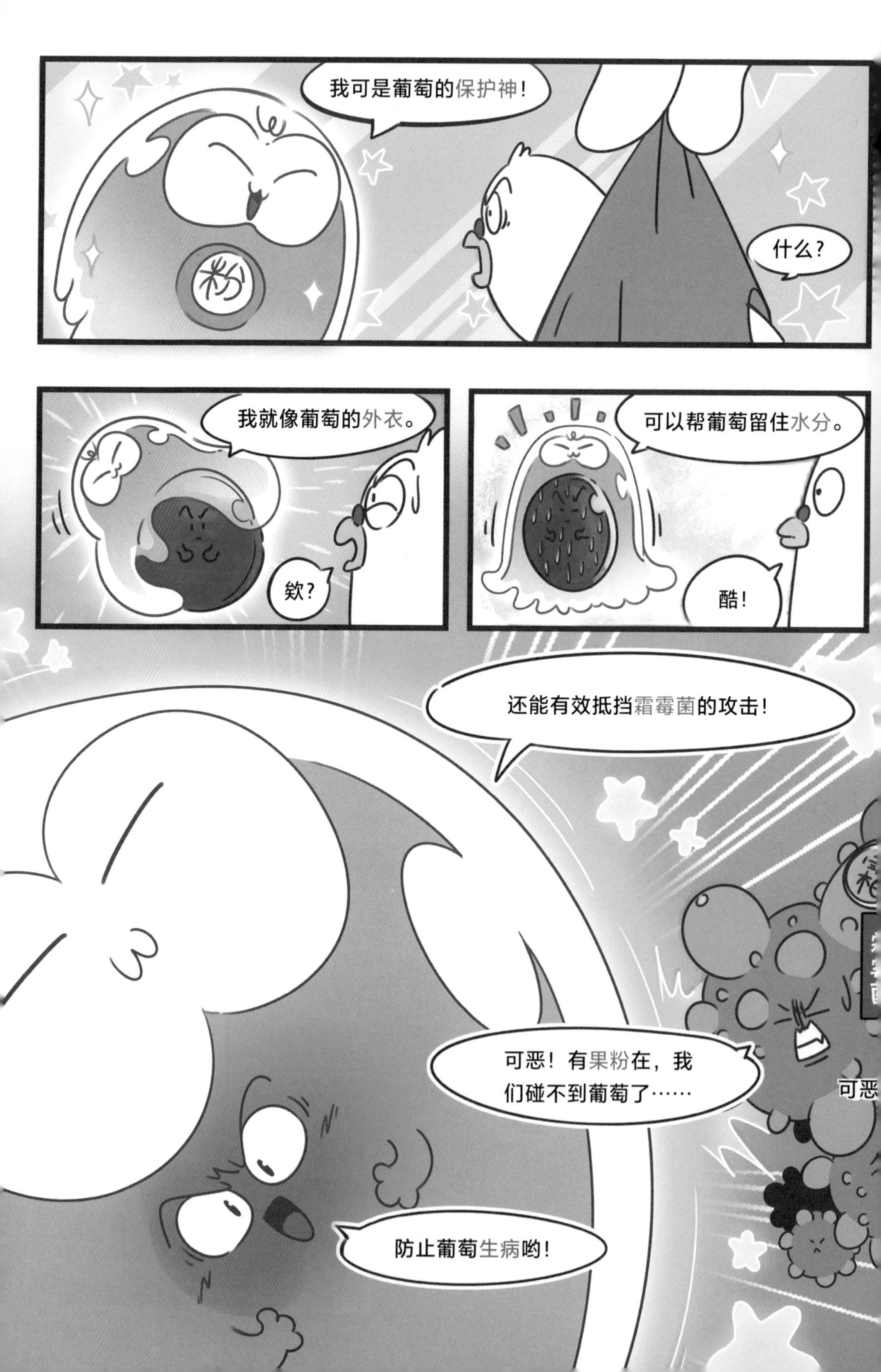

我可是葡萄的保护神！
粉
什么？
我就像葡萄的外衣。
欸？
可以帮葡萄留住水分。
酷！
还能有效抵挡霜霉菌的攻击！
可恶！有果粉在，我
们碰不到葡萄了……
可恶
防止葡萄生病哟！

哇！挺厉害啊！
但也不代表能吃啊……
能吃啊！
葡……！！小……！！葡萄魔！！

不仅能吃，而且有白霜的葡萄还更好吃哟！
为什么会好吃呢？
白霜没有脱落！证明葡萄运输快、储存得好！
葡萄就更新鲜、更好吃！
如果葡萄没有白霜（果粉），多半是不太新鲜的哟！
吧唧！

真的新鲜、好吃？
不是忽悠我？
拔
快吃！
啪！
咽
有白霜的葡萄……好甜好
新鲜哪……啊啊啊啊！

小魔的神奇课堂

小魔你刚刚都讲啥了，我又忘了……

我再说最后一遍！！

问题 1：葡萄上的白霜是农药吗？
不是农药，这是葡萄在生长过程中自己分泌的一种物质，一般叫它果粉。
粉

问题 2：葡萄上的果粉有什么用？
果粉就像葡萄的外套，可以保护葡萄。
它能减少葡萄的水分蒸发，还能阻挡霜霉菌的攻击，防止葡萄生病。

问题 3：霜霉菌是什么？
霜
这是一种会让植物生病的真菌。
葡萄被霜霉菌攻击后，可能会得霜霉病，导致叶片脱落、果实减产。

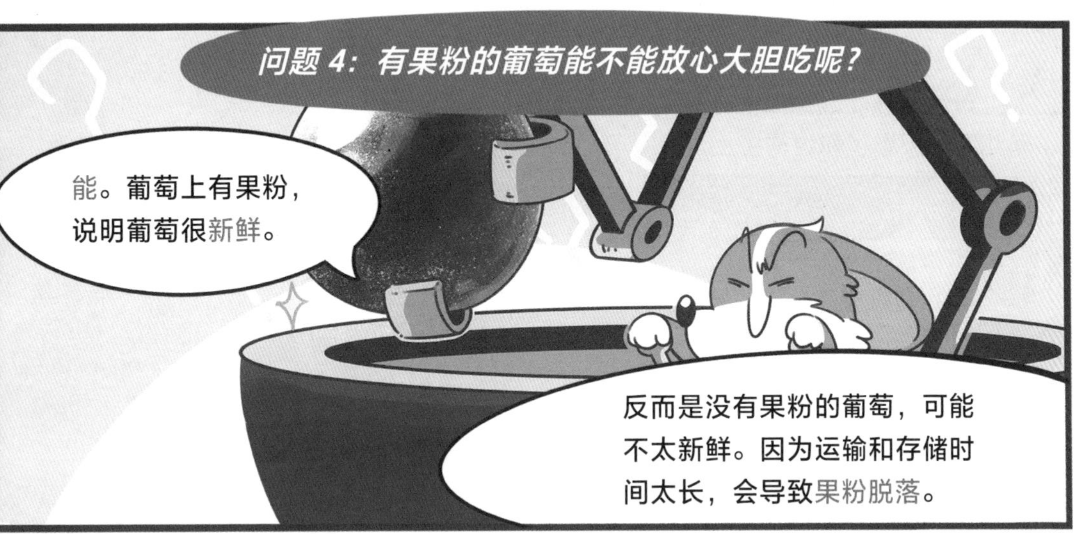
问题 4：有果粉的葡萄能不能放心大胆吃呢？
能。葡萄上有果粉，说明葡萄很新鲜。
反而是没有果粉的葡萄，可能不太新鲜。因为运输和存储时间太长，会导致果粉脱落。

太神奇了！我学会了！
你学会了吗？

轻松一刻
任务一：帮助咕咕咕找到从家到学校最快的路。
任务二：找到 8 个被小魔藏在楼上的“M”形状的广告牌。
任务三：注意头上有“?”的路人，帮帮他们。
啊！要迟到了怎么办？
开始
校车怎么还不来？
哪儿呢？天塌了你也得去上学！
妈！有外星人！
儿子！
作业本忘带了！

咦？我的大孙子呢？
什么东西能引开狗？
谁的车停在这儿！
多挡路！
M
Meow
槟榔
这些“M”好像
有一定规律哟！
M
P
好险！差点迟到！！
老师早！
M
呜呜呜！这是哪里啊？！
爷爷！！呜呜呜！
你家大人呢？
终点

圆的面积
Mo仔
辣条
Mo仔
辣条
Mo仔
辣条
Mo仔
鱼干
Mo仔
鱼干
Mo仔
口香糖
Mo仔
口香糖
校园周边食物安全篇

第二章

零食世界大冒险

咕咕咕说，吃零食能让自己精神百倍！
所以咕咕咕即便是在学校，
也会随身藏着零食。

可是，小魔聪明的头脑却发现，
零食中可能潜伏着危险，
不一定能放心大胆吃。

这是真的吗？我们一起来看看！

第一集

槟榔能不能吃？

槟榔这种东西
能不能吃？

上学要迟到了！
迟到了！
迟到了！
嗖！
迟到了！
迟到了！
等等！少年！
?!

哈！
哈！
哈！
哈！
哈！
槟榔 30元2袋！
哥们儿！来一袋尝尝吧！
槟榔
今日特价
槟榔哥
槟榔

一颗……
提神醒脑！
提神醒脑
两颗……
永不疲劳！
永不疲劳
三颗……长
生不老！！
长生不老

啥零食?
这么神奇?
槟榔
啊
BOOM!
不能吃啊!

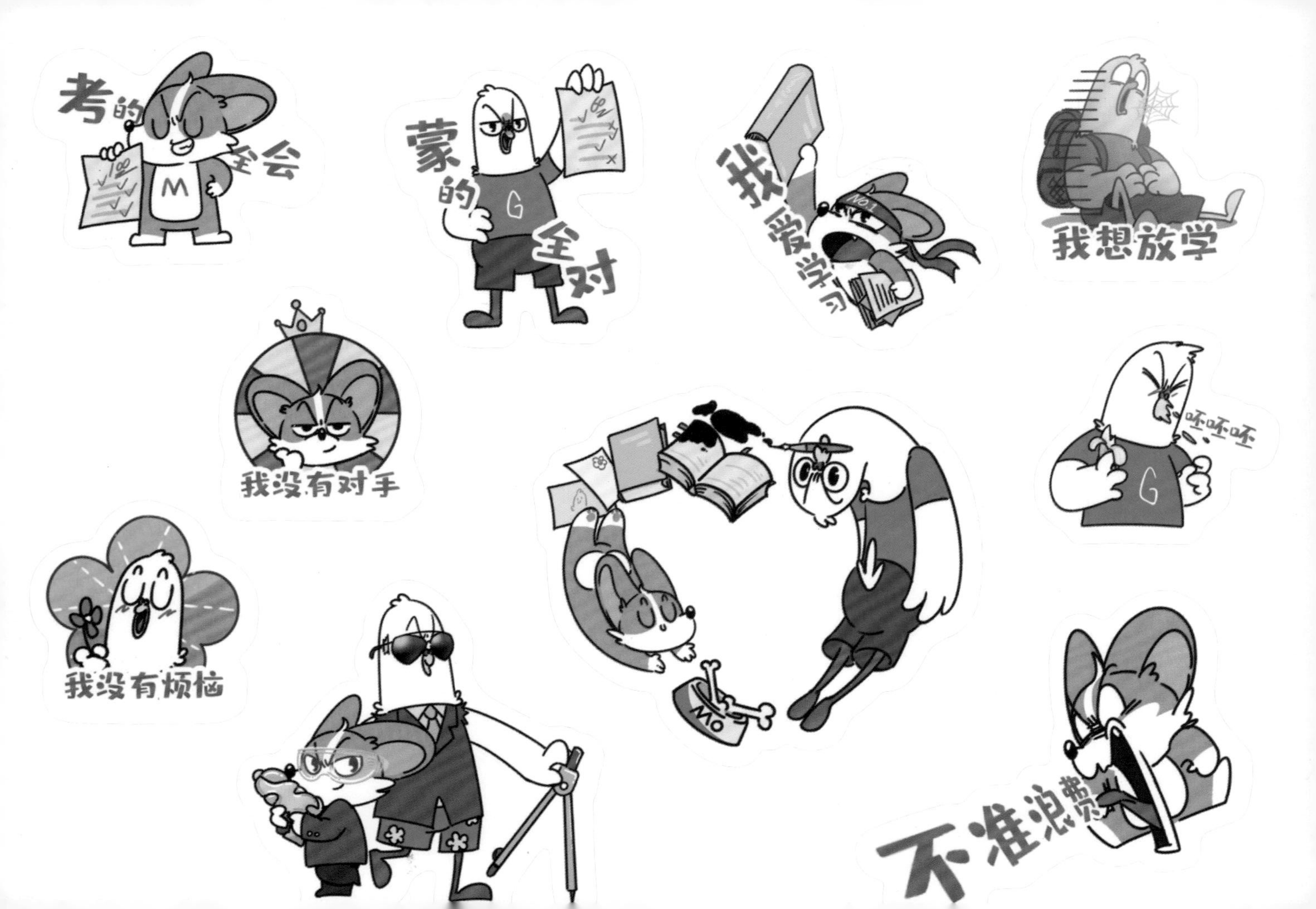
考的全会
M
蒙的全对
G
我爱学习
No.1
我想放学
我没有对手
咴咴咴
G
我没有烦恼
Mo
不准浪费

为……为什么不能吃？
因为我是
槟榔！
哇！
嗖！
槟榔

哈哈哈哈哈……
我有很粗糙的纤维！

我会损害牙齿！

我会划破口腔黏膜！

让你反复发作口腔溃疡！

?
这有啥可怕的呢？

我还有个大杀器……

槟榔碱
什么鬼啊！！

嗖！
嗖！
嗖！
嗖！
嗖！
嗖！
bīng láng jiǎn
槟榔碱会对伤口不断产生化学刺激！

导致口腔黏膜发生病变，
让你患上口腔癌！

这样你就会说不了话！
吃不了饭！
还会一直流口水！
哈哈哈哈哈哈……

最后，想要控制病情的话，就要……

就要在脸上动手术了……
这就是……

割脸保命！
咔！
哇！
但我就吃一个呀！
啊
应该没事儿吧，啊——

一个也不行！！！
啪
蹦
蹦
槟榔像烟酒！
很容易上瘾！！
蹦

它能刺激你的身体，
让你产生兴奋感！！
让你精神百倍！
这不是挺
好的嘛！
这种兴奋感会让你上瘾，让你
不停地吃吃吃！
小魔……

于是你就会感到疲惫……

焦虑……嘿嘿……

嗯？！
嗖！
回来吧！
我的椰仔！

别跟他们废话，吃上瘾
他们自然就会来哥这儿
继续买啦，哼哼哼……
回头

魔哥冷静！我不吃槟榔了，你别生气，咱回家吧……
啰里啰唆的！说个没完没了！
你这小狗太碍事了！要科普去别的地方科普！
糟了……

啪！

嘭！

我头上不是槟榔啊！
救命啊！！！
哇啊！！
他是小魔，你的科普大师。

小魔的神奇课堂

小魔你刚刚都讲啥了，我又忘了……再讲一遍吧！

我再说最后一遍！！

问题 1：吃槟榔对身体有什么具体伤害？
槟榔有很粗糙的纤维，会划破口腔黏膜，让你反复发作口腔溃疡。
槟榔中的槟榔碱，会对口腔伤口产生化学刺激，让伤口很难痊愈。

问题 2：如果我不怕这些伤害，能不能吃槟榔？
不建议吃。槟榔，是国际癌症研究机构认定的一类致癌物。
有研究表明，口腔癌患者大多有吃槟榔的习惯。

问题 3：得了口腔癌会怎样？
很多得了口腔癌的人，只能做手术割掉一部分脸，导致毁容。

问题 4：如果槟榔真有这些危害，为什么商店还在卖？
香烟也有很大危害，但商店里依然会卖。
长期过量嚼食，有害口腔健康
商店里卖一种商品，并不能证明这种商品无害。如果你仔细观察槟榔的包装，会发现上面写了一行字。

太神奇了！我学会了！
你学会了吗？

第二集

辣条到底干不干净呢?

Mo仔
辣条

辣条到底干不干净呢？
能不能放心大胆吃？

上课！
老——师——好！

把课本翻到第 35 页。

今天我们学习的内容是：
圆的面积……
圆的面积

唉……又是数学课……
好饿啊……快放学吧……
数学

小魔！
数学

我在你桌里藏了半包辣条。
拿给我。
数学

别说话，被老师发现咱俩又要被罚站了。
数学

啊哈？！

我的辣条！
我最后半包辣条
被你吃了！

嘘——
你还我辣条！
数学
没了。
没了啊……
嗯。
还我辣条！
还我辣条！
还我辣条！

数学
……

去门口站着。

小魔，老师让你去门口。

你俩都去！！
好！好！

以后我的课上，
一不准打闹！
圆的面积
数语英数一体

二不准吃零食！尤其是辣条这种脏东西！

这玩意儿就是塑料做的！

以后同学们都不要吃辣……
辣条

错！
辣条不是塑料做的！

想知道辣条是什么做的，
要先看配料表！
小魔你疯了……
M仔
辣条

面粉、饮用水、植物
辣条的主要原料是面粉，
不是塑料。

你赶紧闭嘴吧！
你把老师整生气，
我妈又得揍我了！

老师你别跟他一般见识！
辣条还特别不卫生呢！

别胡说！

现在正规厂家生产的辣条，
都是流水线自动化生产。
干净又卫生！
而且对添加剂的使用都有严格标准，
只要符合标准就对身体无害！
虽然辣条干净又卫生，
但最好一天只吃半包！

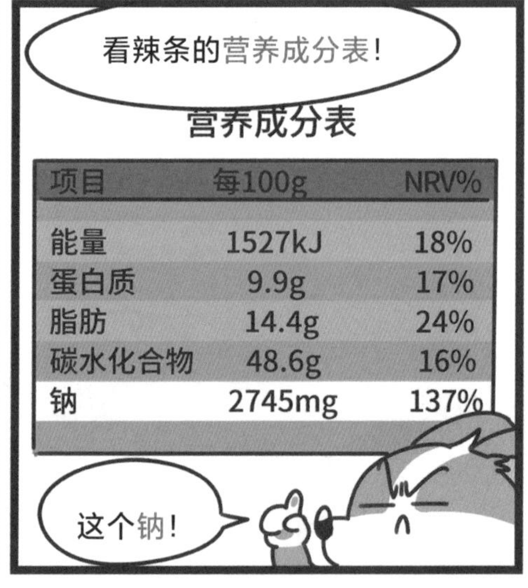

营养成分表

项目	每100g	NRV%
能量	1527kJ	18%
蛋白质	9.9g	17%
脂肪	14.4g	24%
碳水化合物	48.6g	16%
钠	2745mg	137%

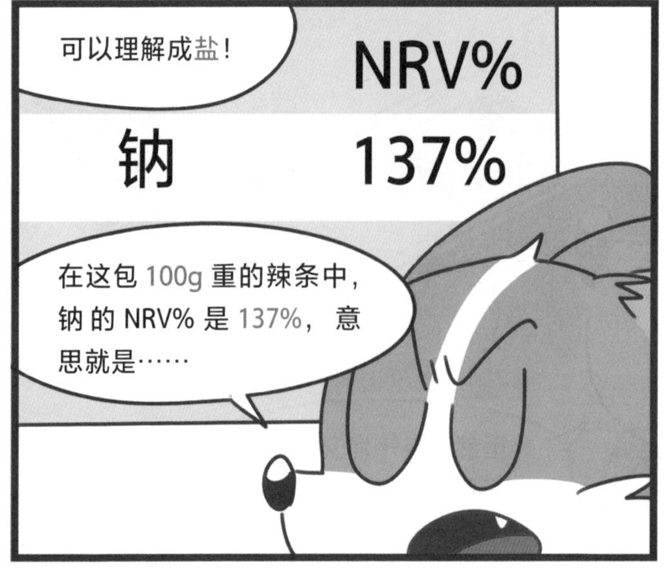

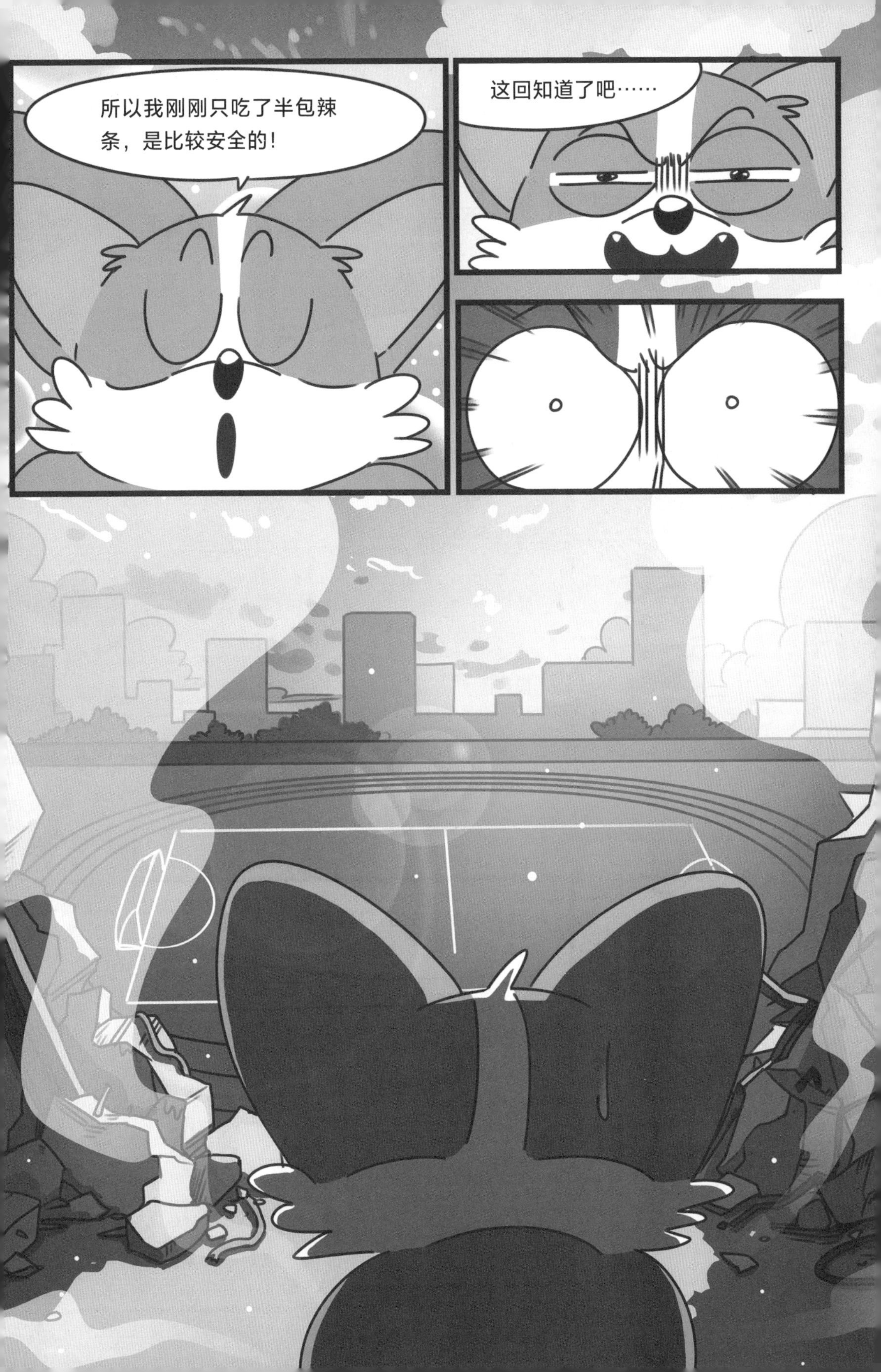
所以我刚刚只吃了半包辣
条，是比较安全的！
这回知道了吧……

刚才好像用力过猛了？
我是小魔，你的科普大师……

小魔的神奇课堂

小魔你刚刚都讲啥了，我又忘了……

我再说最后一遍！！

问题 1：辣条是用塑料做的吗？
可以看辣条的配料表，辣条的主要原料是面粉，不是塑料。
面粉、饮用水、植物
食用盐、白砂糖、
食品添加剂（谷

问题 2：辣条干净吗？
大品牌的辣条，都是流水线自动化生产，干净又卫生！

问题 3：辣条有很多添加剂，吃了对身体有害吗？
可以买正规厂家生产的辣条，添加剂的使用都有严格标准，只要符合标准就对人体无害。

问题 4：一天能吃多少包辣条？
辣条
建议一天只吃半包，可以和朋友一起分享。辣条油多，吃多了会胖；辣条盐多，吃盐过多会增加中风和患心血管疾病的风险。

太神奇了！我学会了！
你学会了吗？

第三集

小鱼干是什么鱼做的？

小鱼干是什么鱼做的？
能不能放心大胆吃？
MO仔
鱼干
教师办公室
Teacher's Office
都多少次了？！嗯？
都多少次了！！！
MO仔
鱼干
怎么一上我的数学课
你就偷吃零食？！
没有啊，老师……我上
别的老师的课也吃……

上谁的课都不能吃零食！！！
啪！
啪！
啪！
哇!!

不行不行，我不能
对学生这么凶……
我是老师，我要温柔一点……
我是老师，我要平和一点……
我是老师……我是老师……

刚刚是老师太凶了哟！
咕咕咕不可以在课堂上
吃这种垃圾零食了哟！

这种 1 元 1 袋的小鱼干，不知道
里面都装的是什么鱼呢。
如果把自己吃进医院就不妙了呢。

别胡说！这里面装的可是
货真价实的鳀（tí）鱼！！
鳀鱼
小魔！！
出现啦！
哇！
哇！

鳀鱼是一种数量非常庞大的海鱼！
没错，我可是世界上最丰富的海洋可捕捞鱼类之一。
而且鳀鱼特能生！
我一次能怀卵上万粒！
10000粒

在合适的水温下，只要大约 48 小时……
14℃~16℃
48
就能孵出仔鱼！
长：3.55mm
鳀鱼还长得快！
我出生时虽然只有米粒大小，但是吃点浮游藻、小虾米就能长得很快！

长：6.5cm
只要三四个月，我就能长大十几倍哟！

所以鳀鱼很便宜，1 公斤大约 16 元！
16元
公斤
能做 100 袋小鱼干呢！
* 鳀鱼价格参考 2018 年某知名小鱼干品牌公开的采购价。

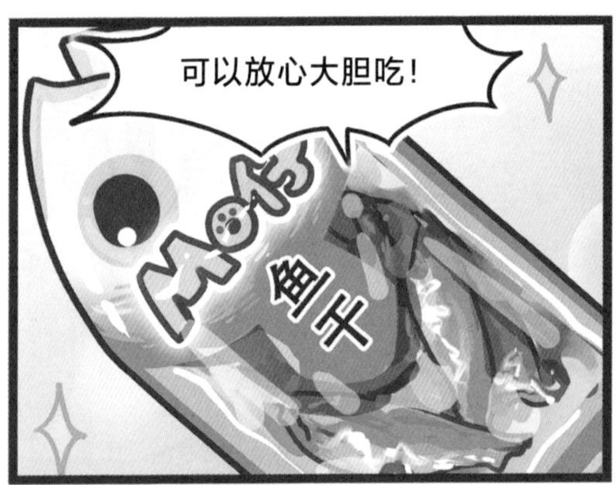
可以放心大胆吃！
鱼干

高油高盐
但由于它高油高盐，
建议少吃！

建议一天只吃一两包……

下次来老师办公室记得要先敲门哟！
咕同学可以先回教室了！
妈……你来趟学校吧……
我想办个转学……

小魔的神奇课堂

小魔，我妈问你刚和老师说啥了？
我没记住……

我再说最后一遍！！

问题 1：一块钱一包的小鱼干，是用什么鱼做的？
一般是用一种叫鳀鱼的海鱼做的。

问题 2：用鳀鱼做的小鱼干，为什么这么便宜？
因为鳀鱼数量多，而且贼能生，
一次能怀卵上万粒。

鱼卵孵化后长得还快，
所以鳀鱼的价格很便宜。
16元
公斤

问题3：一天能吃多少包小鱼干？
一天吃个一两包就得了啊！
小鱼干油多，吃多了会胖。
小鱼干盐多，盐吃多了会增加
中风和患心血管疾病的风险。

太神奇了！我学会了！
你学会了吗？

第四集

方便面是垃圾食品吗?

方便面是垃圾食品吗？
能不能放心大胆吃？

唉……
校园食堂

服了。
这都什么菜啊……

酸辣土豆丝
土豆泥
干锅土豆片
炸薯条
米饭

土豆，土豆，土豆！全都是土豆！
厨师是土豆吗？！

我是土豆。

你做菜真好吃。
谢谢。

呕……呕……
以后吃饭别吃得
这么快啊……

我也不想啊！那不
是被吓得吗？！
土豆都当厨师了！

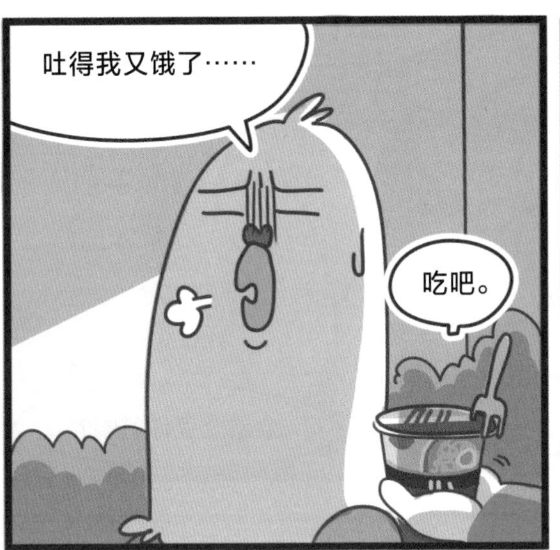
吐得我又饿了……
吃吧。

方便面！

你怎么会有方便面啊？！
好吃，好吃，真好吃……
你枕头下面还有呢。

那可是我的私藏零食!
谁让你偷拿的!!!
那——不——也——
是——你——吃——
了——吗?

这次饶了你。
零食可比我的命重要。

怎么不吃食堂的饭,
在这儿偷偷吃方便面?
数学
全是土豆你吃啊?

蔡老师!!!
你怎么知道我在这儿!
数学

老师 A
老师 B
老师 C
这里是教师办公室后面。老师们都闻到了……
Hi!

老师……这是小魔的零食。
呃……
呃……

老师，我错啦！
千万别告诉我妈我在学校吃零食啊！
哇
我再也不吃零食啦！！！
就算吃也不在你办公室窗户下面吃啦！啊啊啊！

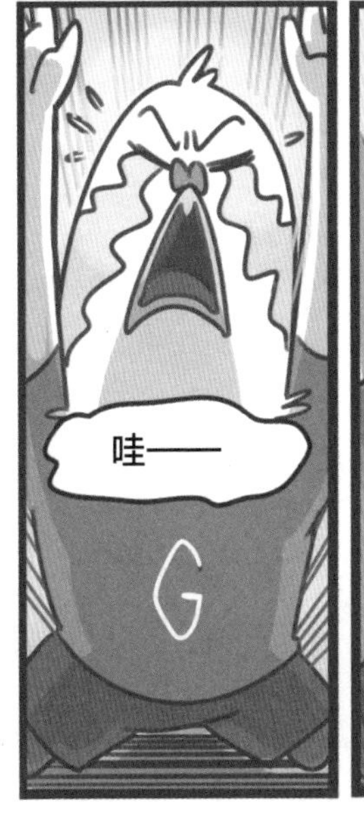
哇——
G

起来吧。
G

不要吃方便面这种垃圾食品了。
老师带你去吃别的。
垃圾……
好……

方便面不是垃圾食品！！！
为什么不是！
又开始啦！

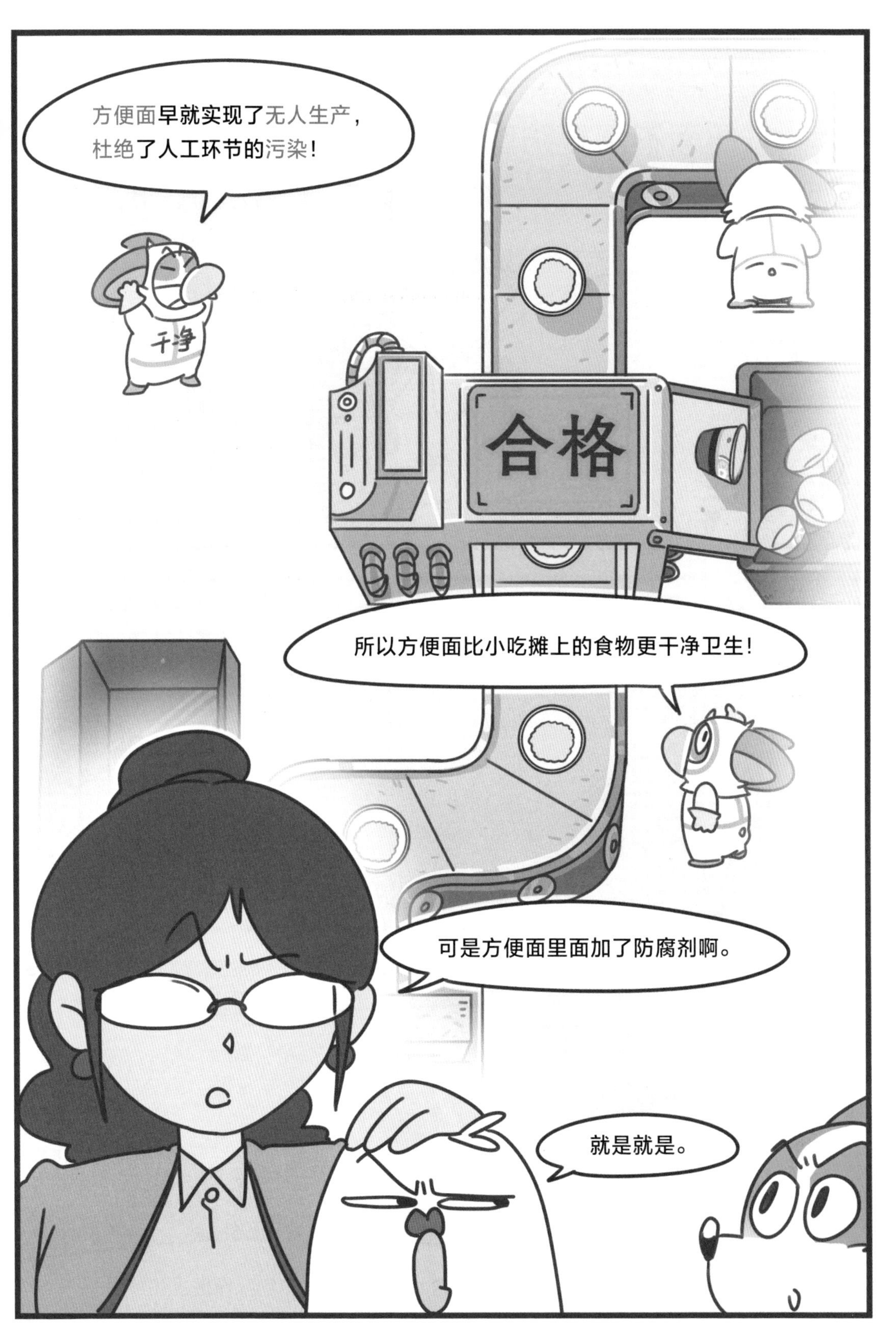
方便面早就实现了无人生产，
杜绝了人工环节的污染！
干净
合格
所以方便面比小吃摊上的食物更干净卫生！
可是方便面里面加了防腐剂啊。
就是就是。

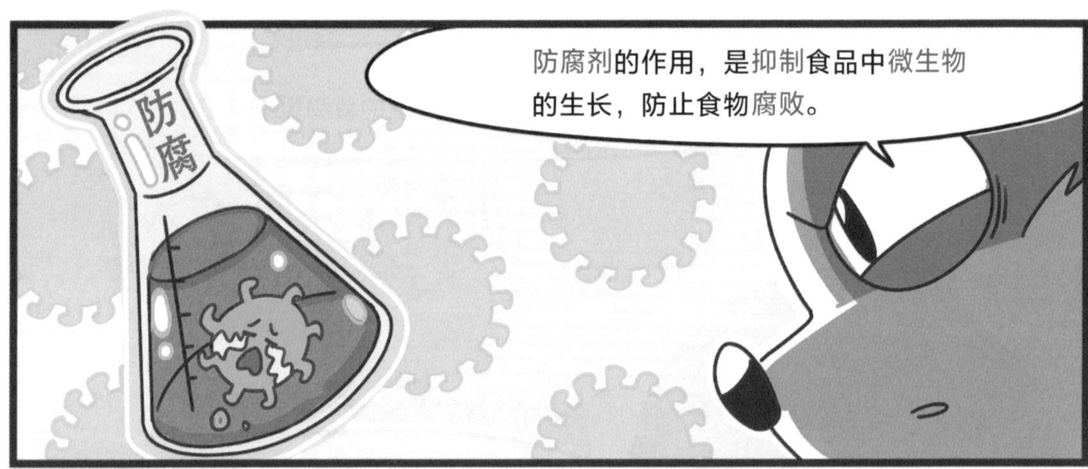

* 微生物：细菌、病毒、真菌等微小生物的总称。

很难存活。
水……我要水……

没加防腐剂，但是加地沟油了吧……
老师，别跟小魔掰扯了……
带我去吃饭吧……
一会儿该上课了……

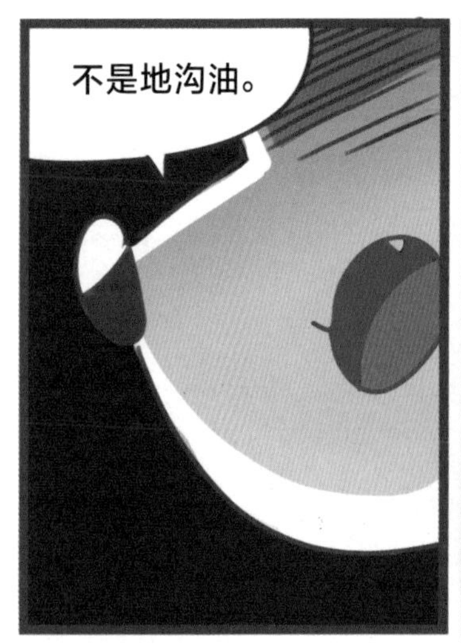
不是地沟油。

方便面用的是棕榈油。
lǘ
配料表：
面饼(精致小麦粉
精炼棕榈油、淀粉
食用盐、食品添加剂
海藻酸钠、

棕榈油是世界三大植物油之一。
!
!

耐热好！
棕榈油
价格低！
产量大！
所以用的都是棕榈油！

看样子……方便面还真的没什么问题……
……
点头

老师！
我妈说桶装方便面的
桶里，涂了一层蜡！

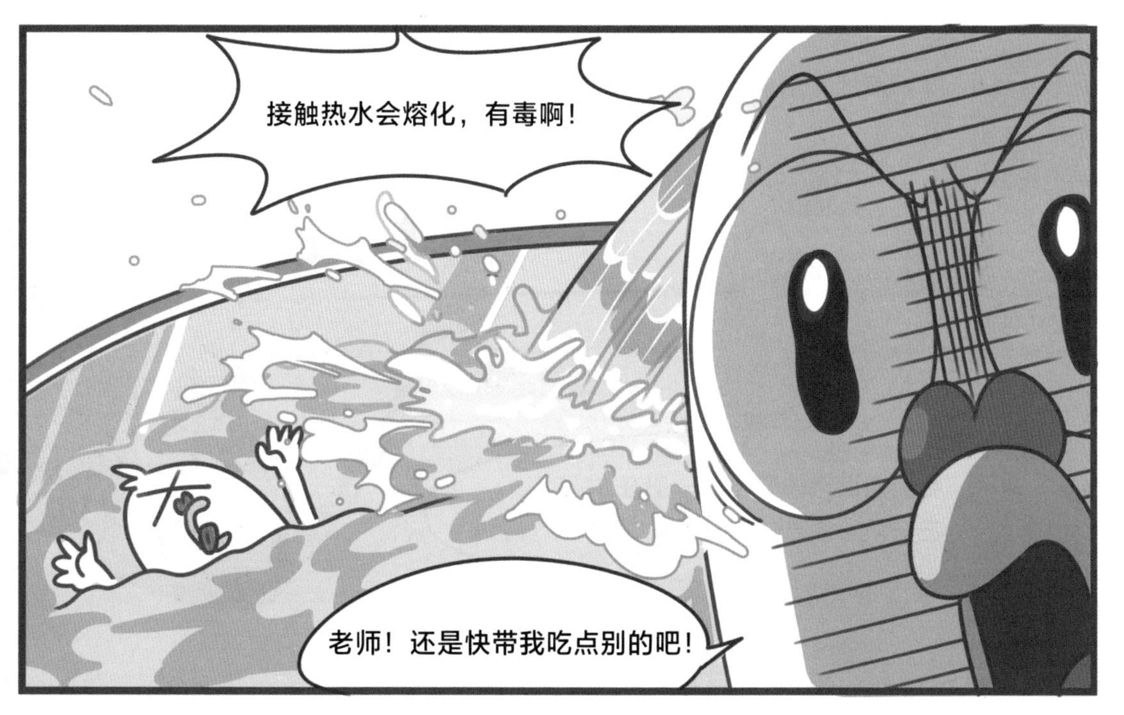
接触热水会熔化，有毒啊！
老师！还是快带我吃点别的吧！

这不是蜡！
而是食品级聚乙烯！
它的熔点比 100℃还高！
90℃
我们泡面用的开水，一般在 90℃
左右，不会产生毒素！

原来如此！
方便面可以放心大胆吃！

咕同学，快继续吃吧！
刚刚是老师说错了！

但也不能吃太多哟！

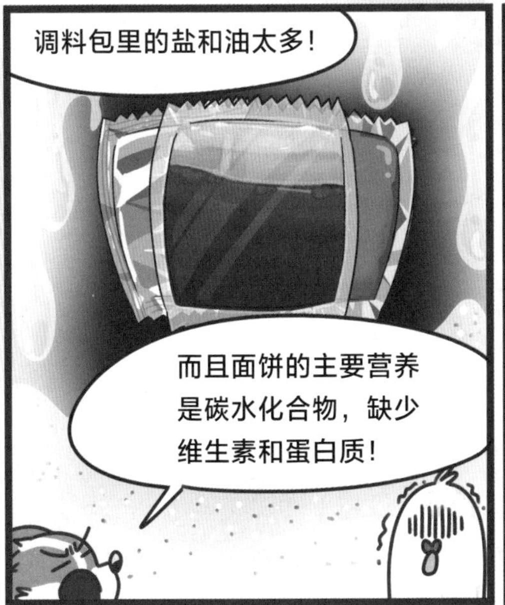
调料包里的盐和油太多！
而且面饼的主要营养是碳水化合物，缺少维生素和蛋白质！

所以泡面时记得要调料减半，再加个鸡蛋！

哪儿来的鸡蛋！！！
吵死啦！！
给你能耐坏了！！
我饿！！！！！
没听到老师要带我去吃别的吗？！
我是小魔，你的科普大师……

小魔的神奇课堂

所以你刚才都说
方便面啥来着？
？

我再说最后一遍！

问题 1：方便面干净卫生吗？
方便面早就实现了无人生产，
都是机器流水线作业！
干净
合格
比小吃摊上的食物更干净卫生。

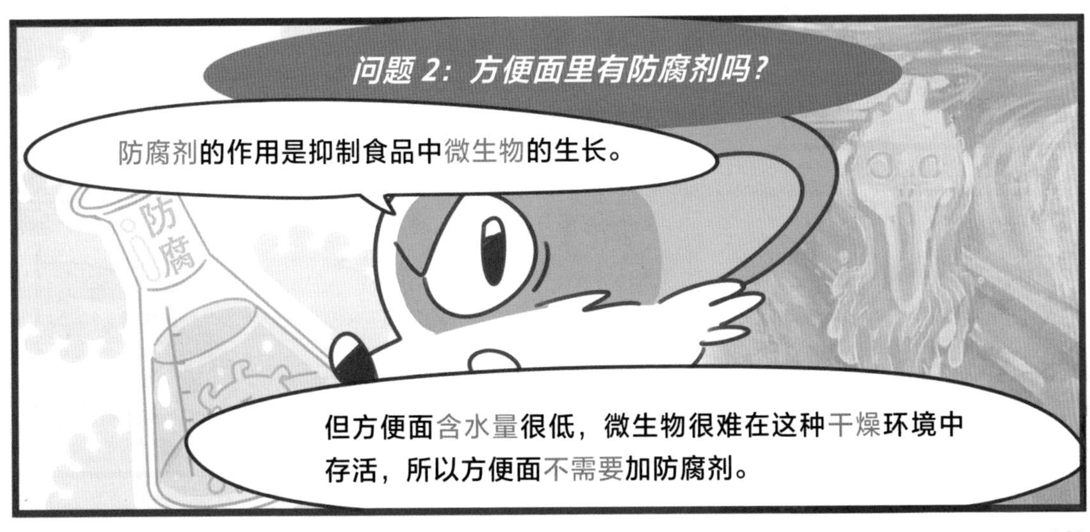

问题 2：方便面里有防腐剂吗？
防腐剂的作用是抑制食品中微生物的生长。
防腐
但方便面含水量很低，微生物很难在这种干燥环境中
存活，所以方便面不需要加防腐剂。

问题 3：方便面用的是地沟油吗？
方便面用的油叫棕榈油，是世界三大植物油之一，产量大，价格低。
棕榈油
所以方便面用的不是地沟油。

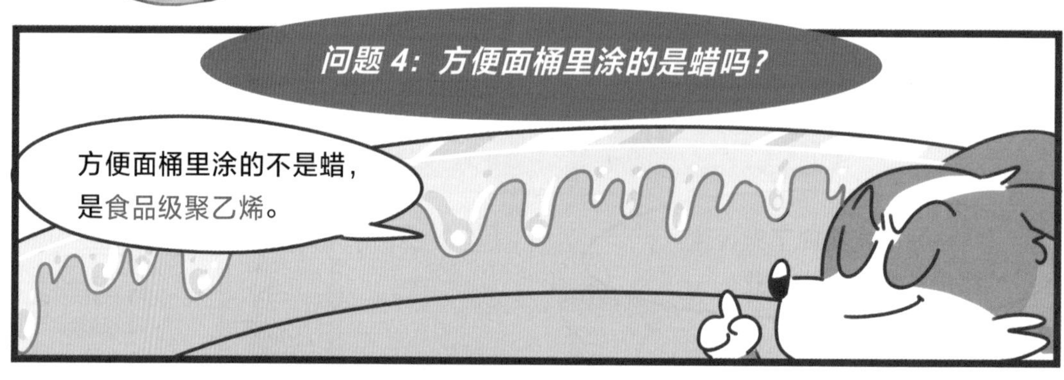
问题 4：方便面桶里涂的是蜡吗？
方便面桶里涂的不是蜡，是食品级聚乙烯。

问题 5：食品级聚乙烯接触热水会产生有毒物质吗？
食品级聚乙烯熔点比 100℃还高！
90
方便面用的开水一般在 90℃左右，不会产生有毒物质。
太神奇了！我学会了！
你学会了吗？

第五集

口香糖咽下去会粘在胃里？

口香糖
口香糖咽下去会粘在胃里？
能不能放心大胆吃？

放学！同学们记得把考试
卷子带回家让家长签字哟！
老师再见！
老师再见！
老师再见！

今天咕咕妈接我们放学。
快收拾书包，别让她
等急了。

你先回吧，小魔。

你又咋的了？

这不是考得挺好吗？
60 分呢……
小测试
60
站起
?!
咕咕妈知道你考试及格，说不定还能吃顿大餐……

小魔，我不想活了。
什么？！

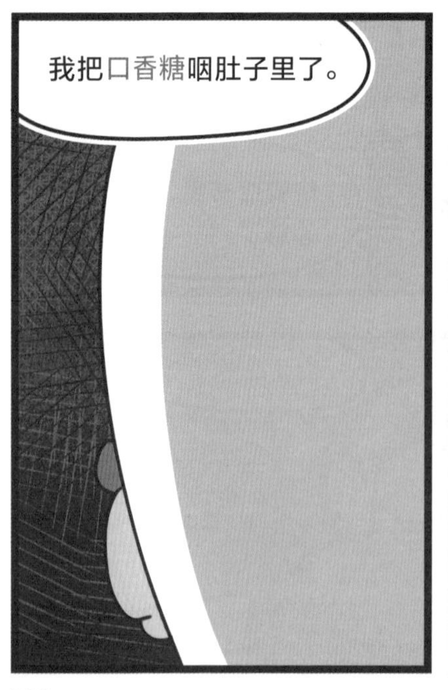
我把口香糖咽肚子里了。

口香糖会把我的胃粘住，
我可能就啥也不能吃了。
如果啥也吃不了，活着
还有什么意思呢？

炸起来！

嗯？咋没反应呢？

哇！

口香糖不会粘在你的胃里。
因为口香糖的主要成分是胶基。
口香糖
我是胶基！
我的第 1 个特点就是……

亲水性！
只要遇到水，比如人类肠胃里的胃液，
我胶基就会跟里面的水分子结合！
变得滑溜溜！

所以……
胃液会把口香糖消化？

不会！
不会！

我的第 2 个特点就是……

耐腐蚀！
我胶基的原料是一种合成橡胶，
轮胎跟篮球里都有它！
胃酸是无法把我消化的！

所以口香糖会在我
胃里待一辈子。
对吗？

不对！
不对！

肠——胃——虽——然——无——法——
消——灭——我——胶——基，
但——会——不——
断——蠕——动，
把我和粪便一起
排出体外！
这回你知道了吧！

哦。
你没事儿了吧……可以回家了吧。

那个……

你说！哥帮你搞定！

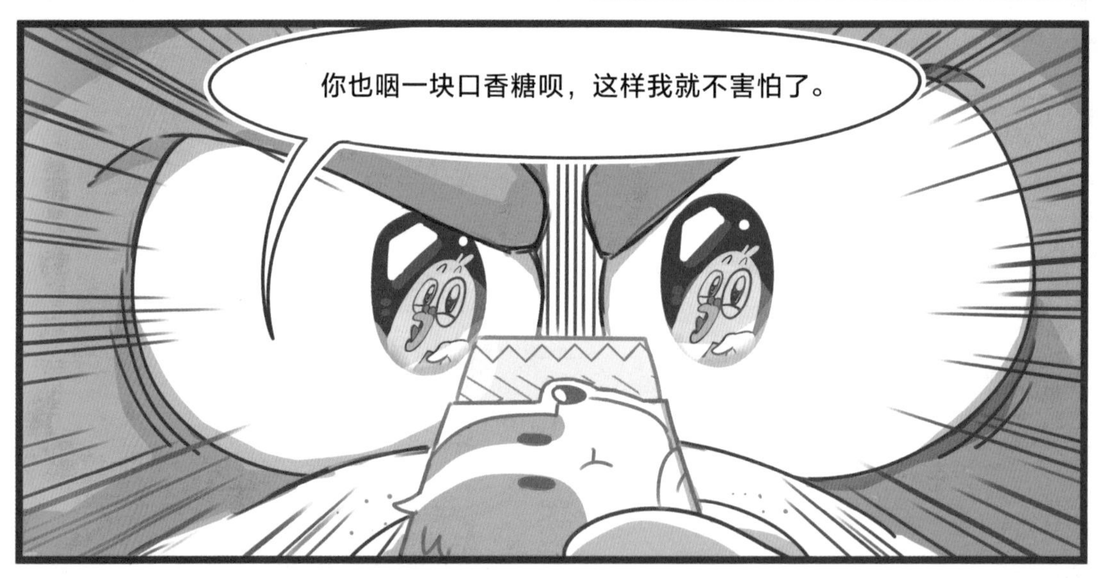
你也咽一块口香糖呗，这样我就不害怕了。

啪！

小魔的神奇课堂

小魔你刚刚都讲啥了，
我又忘了……

我再说最后一遍！！

问题 1：口香糖的主要成分是什么？
口香糖的主要成分是胶基。

问题 2：吞下去的口香糖，会粘在胃里吗？
胶基遇到胃里的胃液后，会和里面的水分子结合，变得滑溜溜。
所以不会粘在胃里。

问题 3：胃液能把口香糖溶掉吗？
胶基有个特点——耐腐蚀，
所以胃液无法溶掉口香糖。

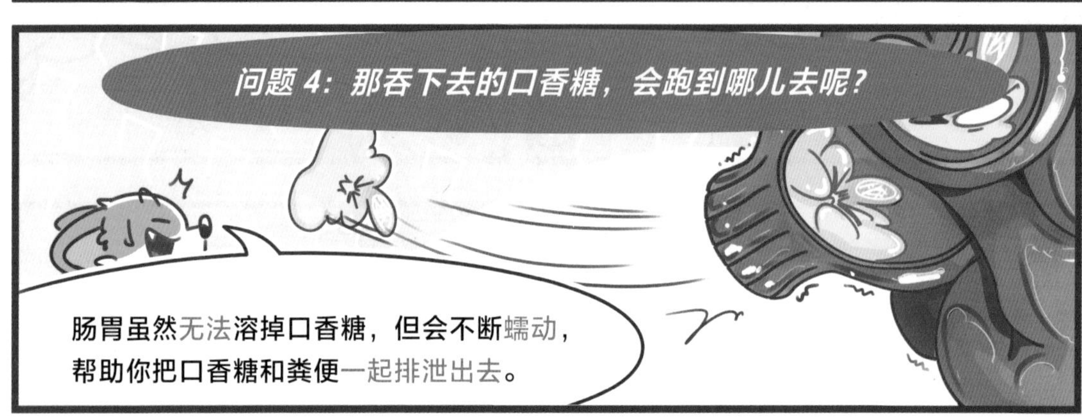
问题 4：那吞下去的口香糖，会跑到哪儿去呢？
肠胃虽然无法溶掉口香糖，但会不断蠕动，
帮助你把口香糖和粪便一起排泄出去。

问题 5：那我以后可以放心地吞很多口香糖啦？
不可以！
过犹不及，如果吞下去的口香糖太多，
可能会堵在胃里，非常危险哟。

太神奇了！我学会了！
你学会了吗？

第六集

火腿肠是用什么做的？

火腿肠是用什么做的？
能不能放心大胆吃？
火腿肠
我……
我是用肉做的……
啊？？

腊肠
火腿
肉枣
哈！哈！哈！哈！哈！哈！哈！哈！

你怎么可能是
肉做的呢？

转
唰！
配料表：

看！配料表上
写着呢！
配料表：

淀粉
淀粉！
放开那个肠！
啪！

他是用肉做的……
你是谁？！

我是谁不重要。
主角：小魔
重要的是……

他的确是用肉做的！

配料表：
肉、淀粉、
配料表上肉在第一位，
淀粉在肉后面！

说明火腿肠里有肉，
而且含量比淀粉高！
肉
淀粉

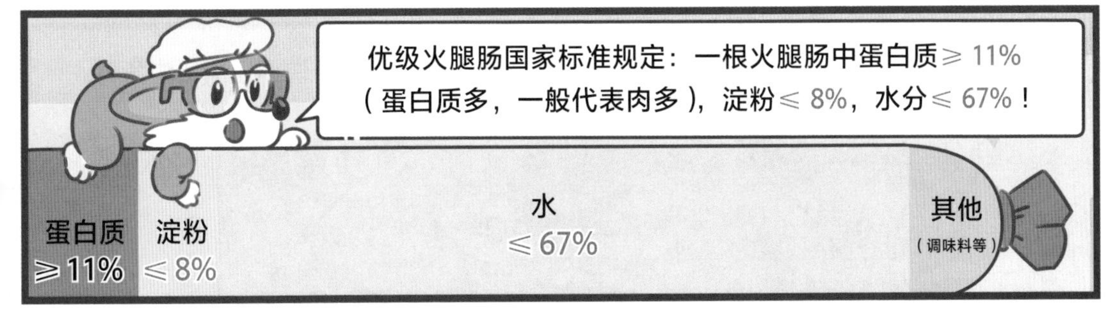
优级火腿肠国家标准规定：一根火腿肠中蛋白质≥ 11%（蛋白质多，一般代表肉多），淀粉≤ 8%，水分≤ 67%！
蛋白质
≥11%
淀粉
≤8%
水
≤67%
其他
（调味料等）

哈哈……肉才这么点，
还有脸说？
就……就是。

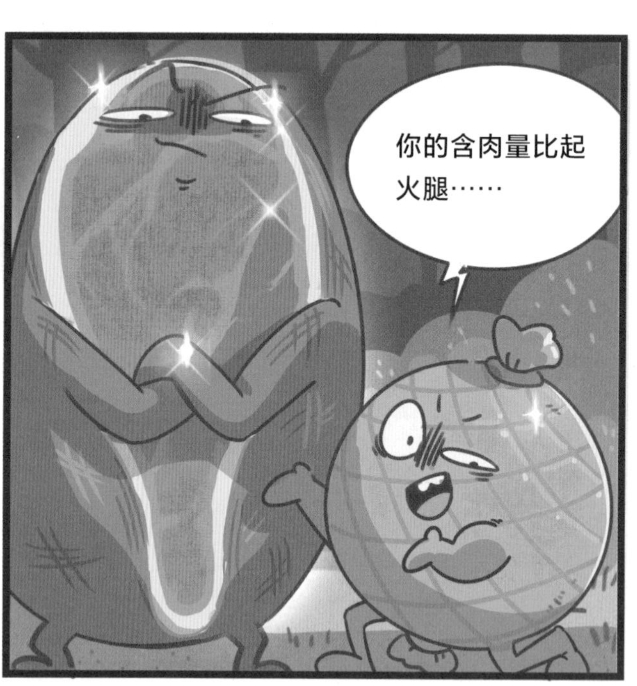
你的含肉量比起
火腿……

差太远啦！

而且听说你还加了边角料。

蹲下
你这不能给人吃吧？

别胡说！

在肉的档次方面，国家对火腿肠没要求。
所以某些厂家会混些便宜的边角料。

但一般正规厂家生产的大品牌火腿肠，生产过程都很卫生，都能放心吃。
通过
唰——
那你的肉质也不行啊！

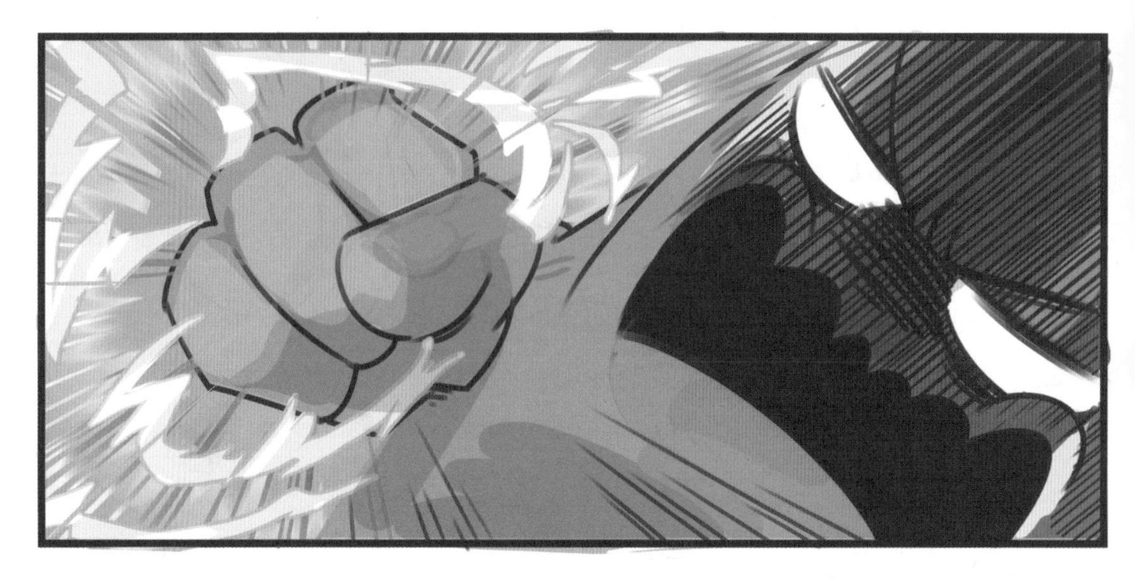

咻！

火腿肠也有品质好的……
又开始了……

你咋这么能抢戏呢？！
他好像是漫画主角……

可以从包装去辨别
火腿肠的品质！
MO仔
火腿肠

普通级火腿肠的蛋白质
含量不低于 10%。
优级的不低于 11%。
普通级
优级
特级
特级的，不低于 12% 哟！
原来如此啊……

那……那又
怎样啊！

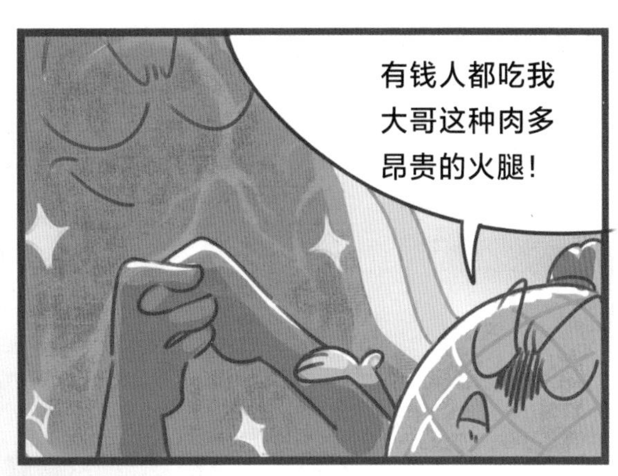
有钱人都吃我
大哥这种肉多
昂贵的火腿！

谁吃你啊？
好丢脸……
谁吃你啊！！
肉少还便宜！

你们这些……
两块钱一根的我，

确实没你昂贵！

没你肉多！

没你上档次！

但……

但就算我这么
平凡！

我也有存在的价值啊！！！

对啊！！！

好习惯从小事做起
积少成多
佳句欣赏

走。

你刚刚做梦了？
是用什么做的？
能不能放心大胆吃？
腊肠
火腿
我……
我是用肉做的……
闭嘴！

小魔的神奇课堂

小魔你刚刚做梦好像还做科普了？再说一遍吧！

我再说最后一遍！！

问题 1：两元一根的火腿肠里，真的有肉吗？
看配料表。
肉、淀粉、
第一位是肉，第二位是淀粉，说明火腿肠里有肉，而且肉比淀粉多。

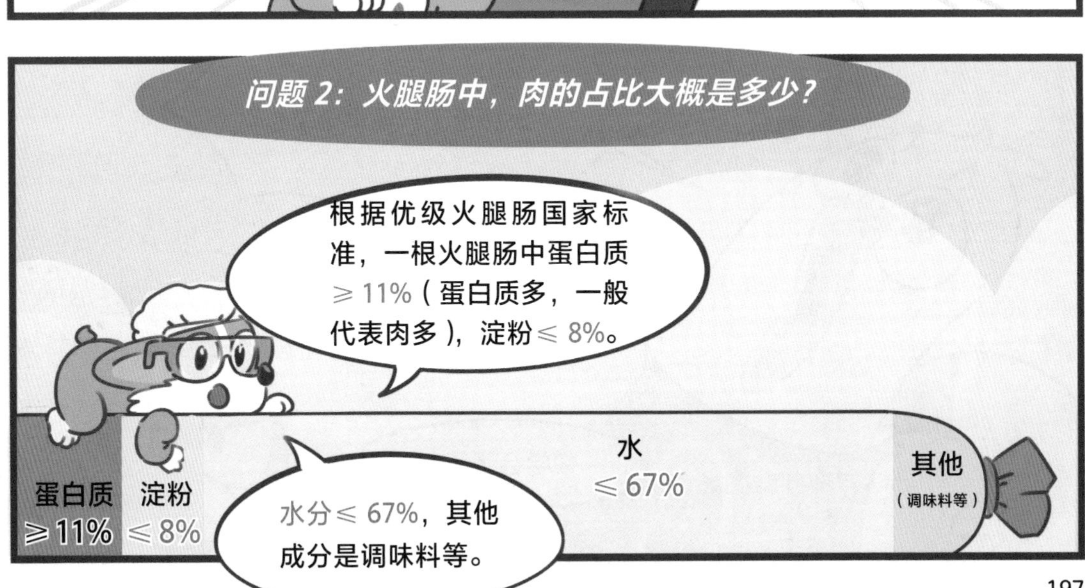

问题 2：火腿肠中，肉的占比大概是多少？
根据优级火腿肠国家标准，一根火腿肠中蛋白质≥11%（蛋白质多，一般代表肉多），淀粉≤8%。
蛋白质 ≥11%
淀粉 ≤8%
水 ≤67%
其他（调味料等）
水分≤67%，其他成分是调味料等。

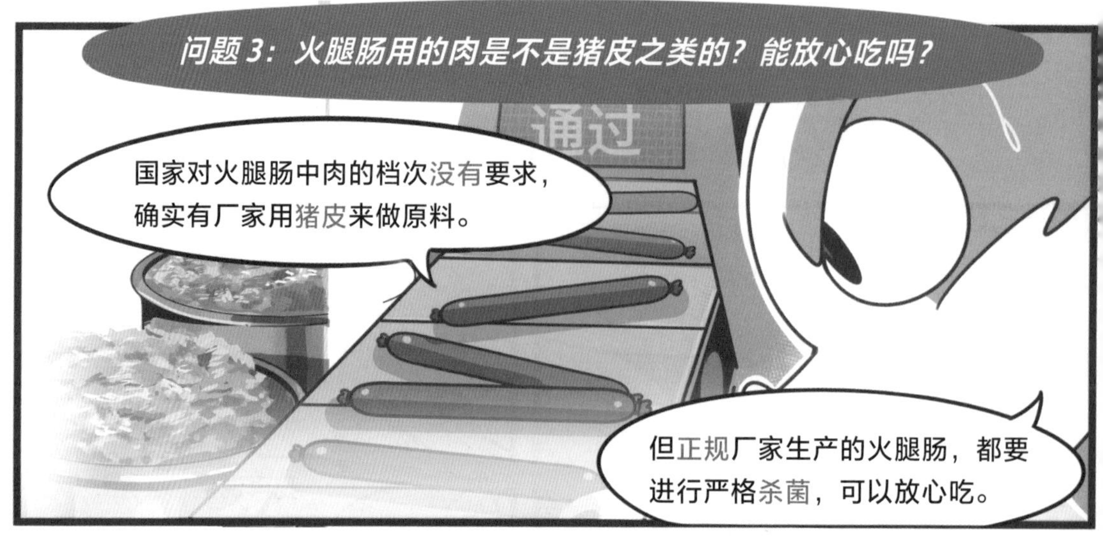
问题 3：火腿肠用的肉是不是猪皮之类的？能放心吃吗？
通过
国家对火腿肠中肉的档次没有要求，确实有厂家用猪皮来做原料。
但正规厂家生产的火腿肠，都要进行严格杀菌，可以放心吃。

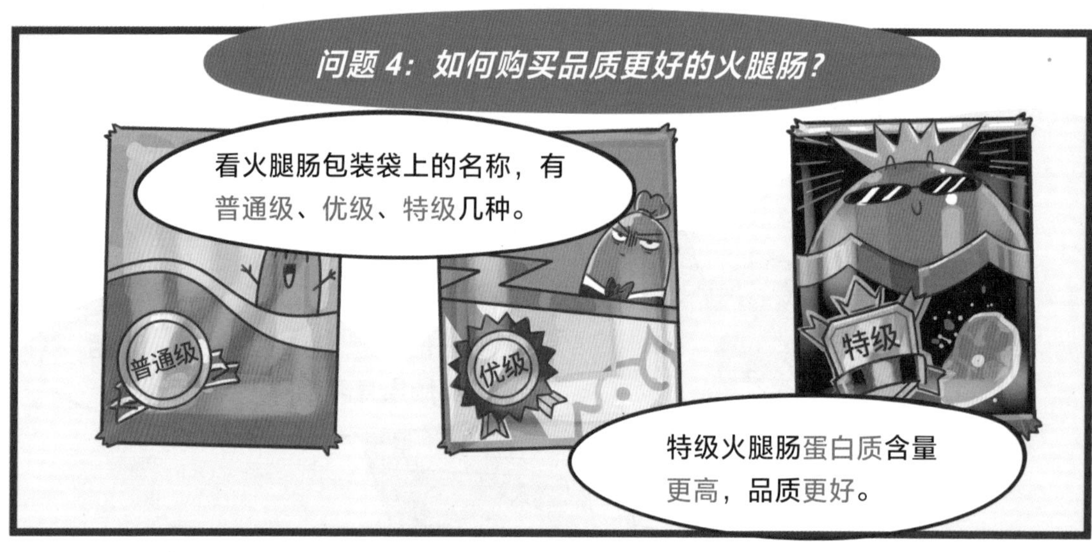
问题 4：如何购买品质更好的火腿肠？
看火腿肠包装袋上的名称，有普通级、优级、特级几种。
普通级
优级
特级
特级火腿肠蛋白质含量更高，品质更好。

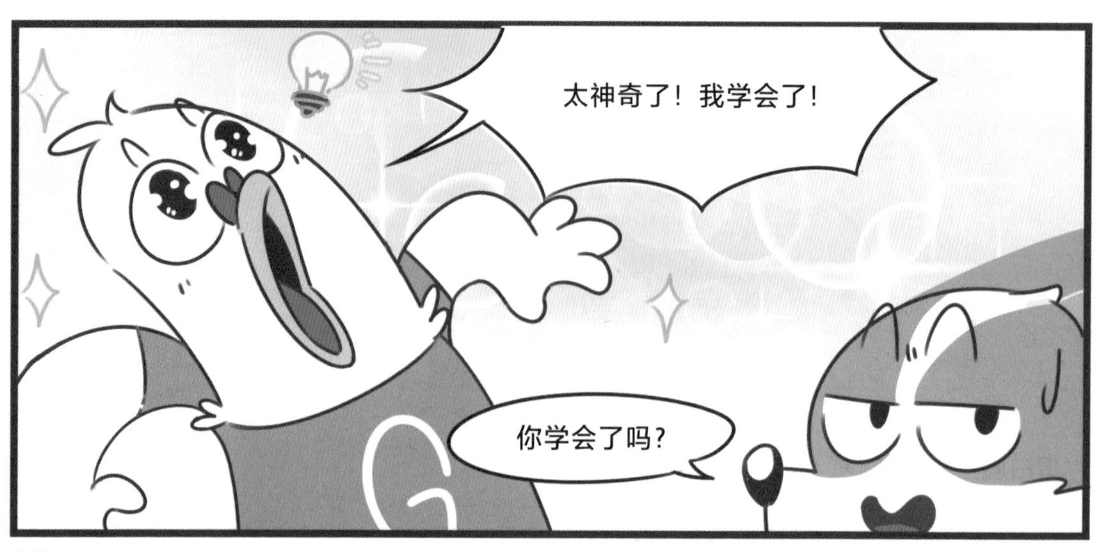
太神奇了！我学会了！
你学会了吗？

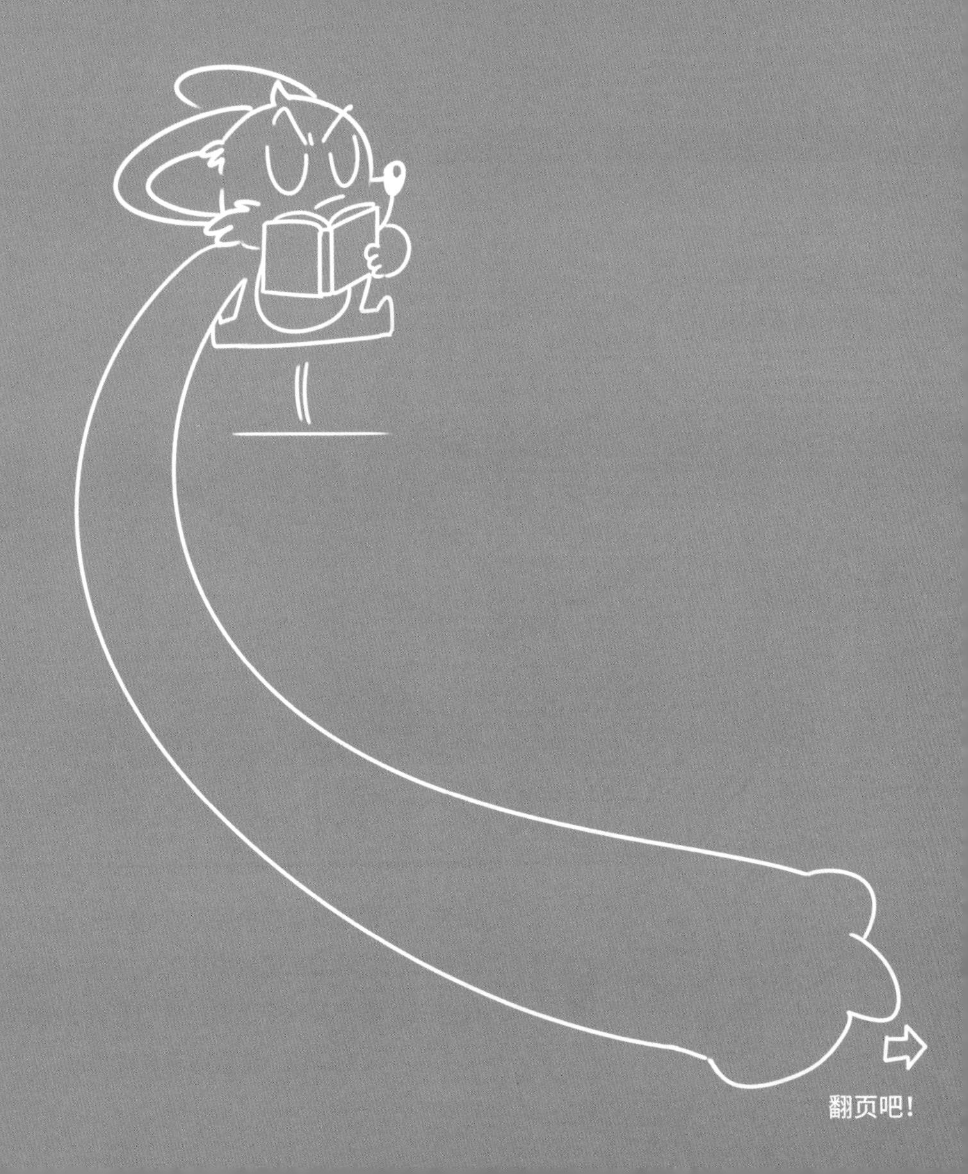
翻页吧!

轻松一刻

任务一：帮咕咕妈和小魔穿过小吃街，找到咕咕咕。

任务二：咕咕咕在慌张中掉了 5 本书，帮他找全。

任务三：最近有一个小偷，专门在人多的时候偷路人的钱包，帮警察叔叔找到他。

终点
这是哪儿啊？
也不知道那神偷抓到没有？
SUSU
M
书丢饭
口了？
爸爸，天上有“咕呱”“咕呱”的叫声！
今晚要播《小魔美食大百科》大结局！快回家！
热死了，喝奶昔去啊？

餐馆食物安全篇

第三章
肉食世界大冒险
妈妈说，虽然家里饭菜好吃，
但偶尔也要去餐馆体验一下！
所以每当发生一些好事时，
妈妈就会带咕咕咕去餐馆吃大餐。
可是，小魔锐利的眼睛却看出，
餐馆的食物中可能潜伏着危险，
不一定能放心大胆吃。
这是真的吗？我们一起来看看！

第一集

鱼刺卡喉咙怎么办？

鱼刺
卡喉咙里怎么办？
能不能放心大胆吃？

我儿子考试及格了。
60
语文小测试
1、大漠孤烟直，长河落日圆。
2、身有彩凤双飞翼，拔毛凤凰不如鸡。
3、稻花香里说丰年，听取蛙声一片。
4、谁家玉笛暗飞声，散入春风满洛城。
为了纪念这历史性的时刻……
服务员
把你们家最好吃的菜，
全都上一遍！

emmm…吧唧！
吧唧！
emmm……
吧唧！
吧唧！
来！孩儿们！
再尝尝这道糖醋鱼！
吧唧！
emmm……
吧唧！
来

啊——
嗯……
嗯……
咽

鱼刺卡嗓子啦？！
卡—
卡—
卡—
卡—
卡—

快喝碗醋！

把刺泡软它就下去了！

不能喝啊！

为啥不能喝醋啊……
好酸！

用醋泡软鱼刺至少需要 15 分钟。

喝下去的醋只是穿喉而过！
对软化鱼刺基本没用！
……
卡……
卡……
最好的办法就是……

就是吞个馒头！

把鱼刺给推下去就好了！

不能吞啊！

咳——
馒头咋也不能吞呢……
本来鱼刺只卡在喉咙眼。
你一旦吞东西，就可能
把刺越推越深！
有很多新闻报道过，因为吞馒头
导致鱼刺扎穿食管引起咯血。
最后只能通过手术取出。

快去医院。

我害怕……

注意：被鱼刺卡住后，千万不要吞馒头等食物，可能扎穿食管，危及生命。

这小狗崽办事太磨叽了……

小魔的神奇课堂

小魔刚刚都讲啥了？
我一点没听进去……
妈也忘了。

我再说最后一遍！！

问题 1：鱼刺卡喉咙里，喝醋有用吗？
没啥用。醋要泡软鱼刺，至少得泡 15 分钟，喝下去的醋只是穿喉而过，并不能把鱼刺变软。

问题 2：鱼刺卡喉咙里，吞馒头有用吗？
没啥用。而且不建议吞馒头，会有生命危险。

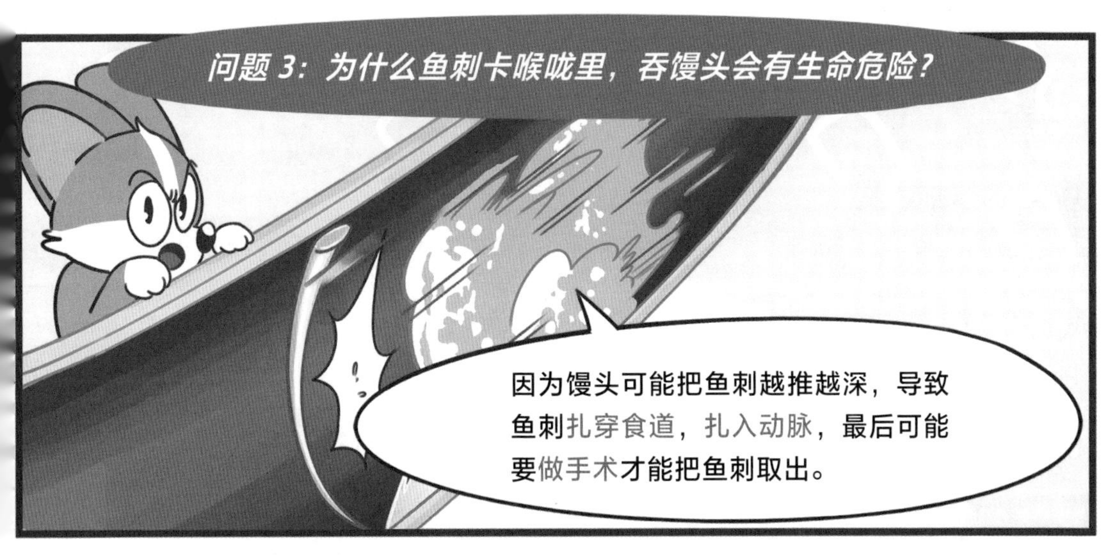
问题 3：为什么鱼刺卡喉咙里，吞馒头会有生命危险？
因为馒头可能把鱼刺越推越深，导致鱼刺扎穿食道，扎入动脉，最后可能要做手术才能把鱼刺取出。

问题 4：鱼刺卡喉咙里，到底该怎么办呢？
先使劲儿咳嗽，看能不能把鱼刺咳出来。
如果咳不出来，就要马上去医院，让医生取出鱼刺。

太神奇了！妈学会了！
太神奇了！我学会了！
你学会了吗？

第二集

吃火锅时，肉一定要煮熟吗？

吃火锅时，肉没煮熟，
能不能放心大胆吃？

我儿子这次考试比上次高了 10 分！
语文小测试
1.仿句。
①荷叶真像一把大大的雨伞。
老师真 像 一位美丽的园丁
②我愿是一朵快乐的浪花，为大海营造一点生机。
我愿是 一阵清凉的夜风 ，为天空装点一片星辰 。
③田里的禾苗，因为有阳光，更绿了。
上课的我 ，因为 在听课 ，更 困了 。
为了纪念这历史性的时刻……
还是服务员
今天的火锅，
我们只吃肉！

来！儿啊！趁热吃！
啊呵

先别吃！
这牛肉中间还是鲜红色，没涮熟！
哈？！

就你天天一惊一乍的，
没涮熟的口感好！
不可以……
这样涮火锅，可
能会有寄生虫！
啥？
生肉中很可能会有寄生虫！

你吃没涮熟的牛肉，
哦？
肠道可能会被寄生虫感染，
嗯！

所以别吃！
好的，好的好的！
你在这儿记啥呢？
哦？~~嗯……
嗯！~~
好的~好的

你自己的回答不用记！
当！

肉都是人家店里洗过好几遍的，

寄生虫早洗没了吧。
大惊小怪的……

伸

？
捏

嗖！

咕咕妈！寄生虫是很难洗掉的！
?

因为很多寄生虫会钻到肉里藏起来！

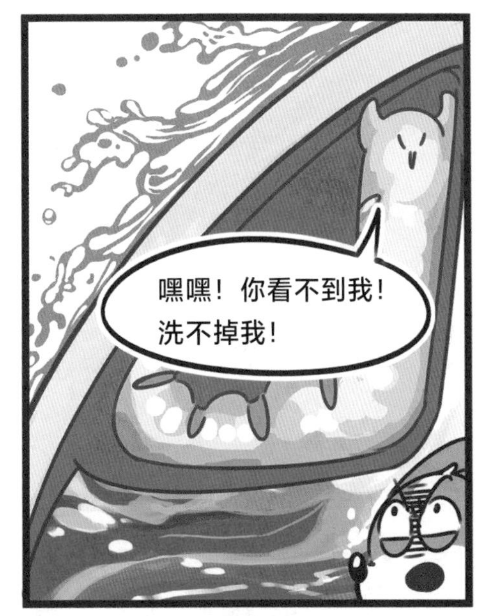
嘿嘿！你看不到我！洗不掉我！

儿啊！别吃了。
小魔说没熟有虫！
点头

没事儿，妈，小魔就喜欢吓唬你！

就算有虫，咱还有胃酸呢。

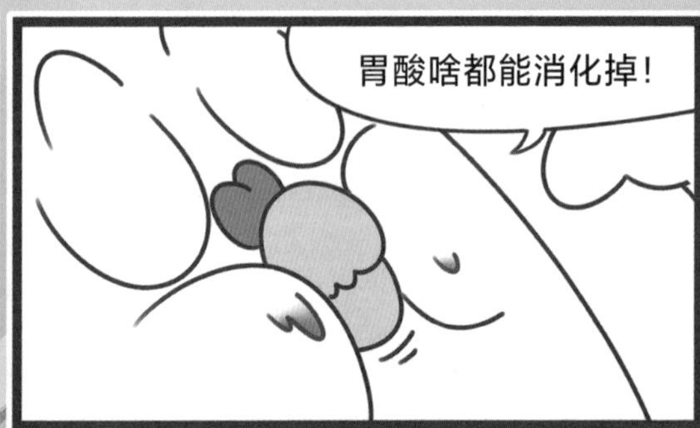
胃酸啥都能消化掉！

不能吃啊！

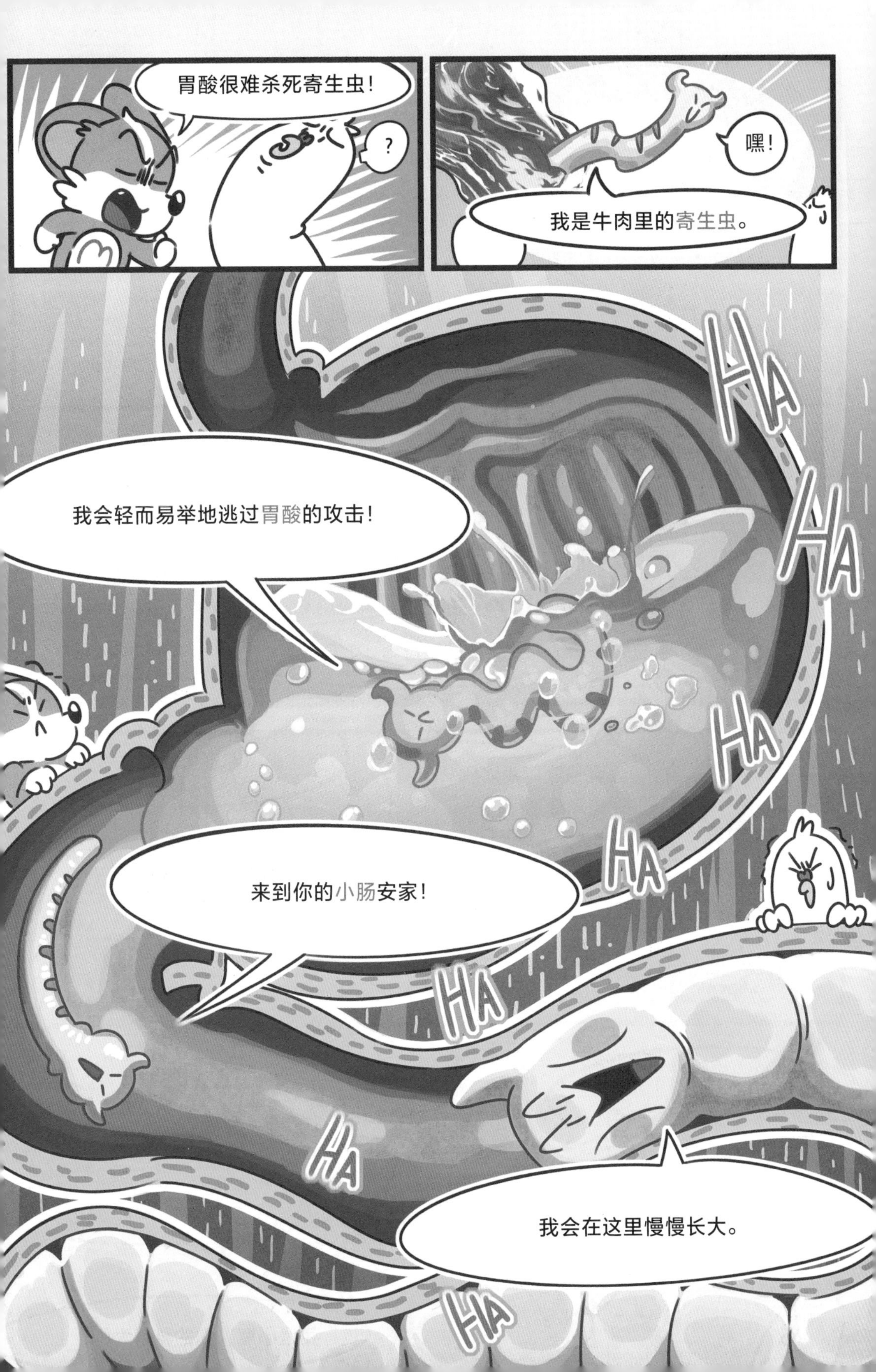
胃酸很难杀死寄生虫！
？
嘿！
我是牛肉里的寄生虫。
我会轻而易举地逃过胃酸的攻击！
HA
HA
HA
HA
来到你的小肠安家！
HA
HA
我会在这里慢慢长大。
HA

这可能会导致你
腹痛、腹泻！
腹痛
腹泻
坏死
破裂
甚至导致肠道坏死、破裂！
太可怕啦！我以后一定
把肉涮熟透了再吃！
那这肉得涮多久吃着才能放心呢？

火锅牛肉卷涮够 1 分钟！
确认牛肉不再是鲜红色！
一般就可以放心大胆吃啦！
我是小魔，你的科普大师！

小魔的神奇课堂

小魔你刚刚都讲啥了，
我又忘了……

我再说最后一遍！！

问题 1：为什么吃火锅时，肉没涮熟不能吃？
因为生肉中可能有寄生虫，没涮熟就吃，肠道可能会被寄生虫感染。

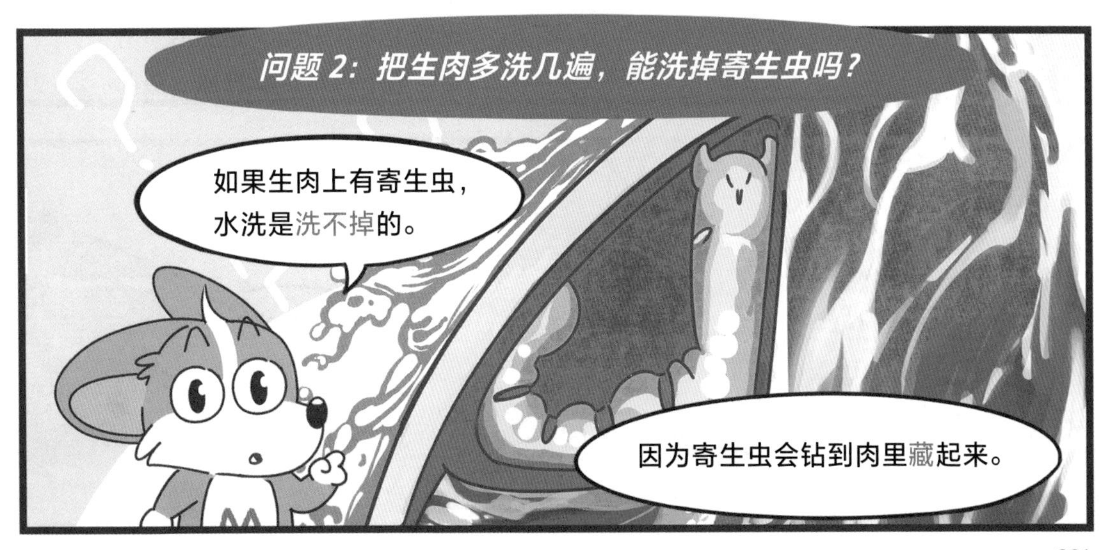

问题 2：把生肉多洗几遍，能洗掉寄生虫吗？
如果生肉上有寄生虫，水洗是洗不掉的。
因为寄生虫会钻到肉里藏起来。

问题 3：如果把寄生虫吃进去，胃酸能消化寄生虫吗？
胃酸很难杀死寄生虫。
HA
比如牛肉中可能存在的寄生虫，就能逃过胃酸的攻击，在你的肠道慢慢长大。

问题 4：如果肠道里有寄生虫，会造成什么伤害？
可能导致你腹痛、腹泻，严重的话，你的肠道可能会坏死。

问题 5：那怎么吃才比较安全呢？
把肉涮熟再吃。
火锅牛肉卷一般需要涮够 1 分钟，确认肉不再是鲜红色后，再吃。

太神奇了！我学会了！
你学会了吗？

第三集

螃蟹哪里不能吃？

螃蟹哪里不能吃？
哪里能放心大胆吃？

吃点啥呢？
妈！咱吃螃蟹呗！
你考多少分你就吃螃……
语文试卷
75
服务员！！！
把你们店里的大闸蟹，
全都蒸了！

啊~

咔嚓!

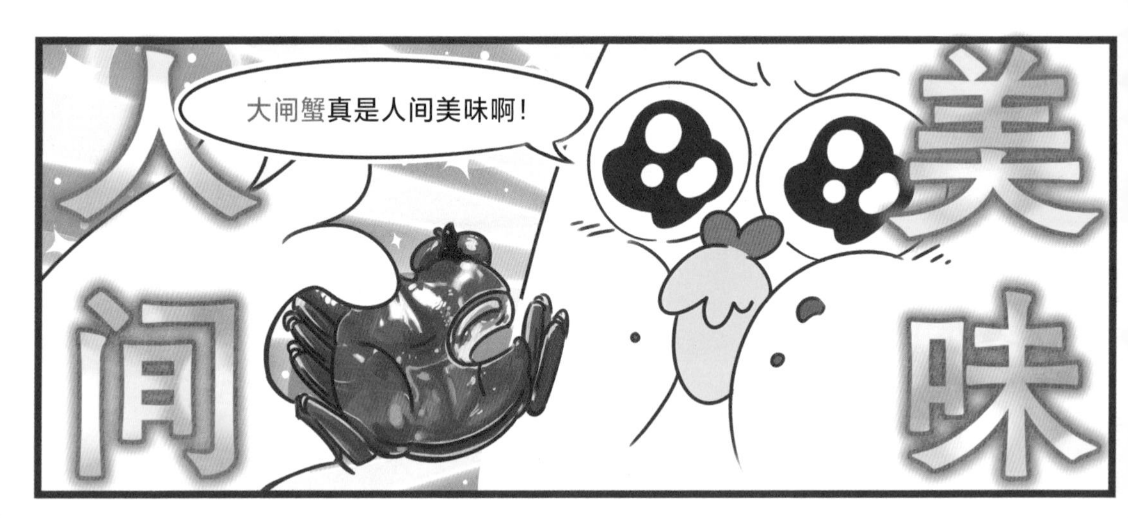
人间
大闸蟹真是人间美味啊!
美味

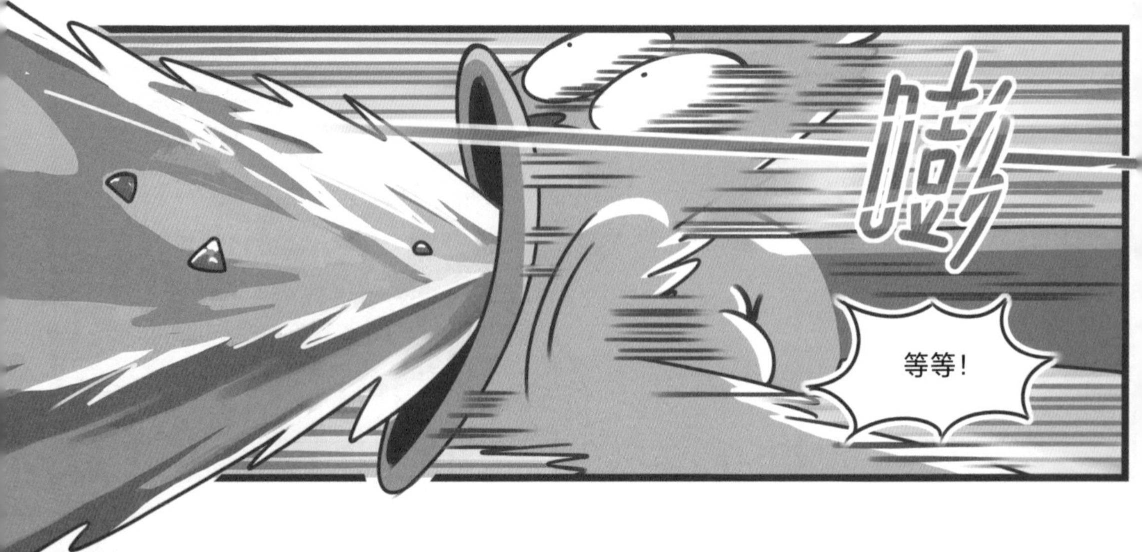
嗞
等等!

这样吃螃蟹你就吃错了。
我爹就这么吃的啊……

你爹也吃错了。

螃蟹哪里能吃？
哪里不能吃？
千万别吃错咯！

吃螃蟹，首先要分性别！
分性别

这题我会！

左边——
是母的。

错！

公母要分小肚肚！
咻！
咻！

肚肚形状尖，是公！
公
母
原来如此。
肚肚形状圆，是母！

母蟹蒸熟后！
啪！
掀开它的肚肚。

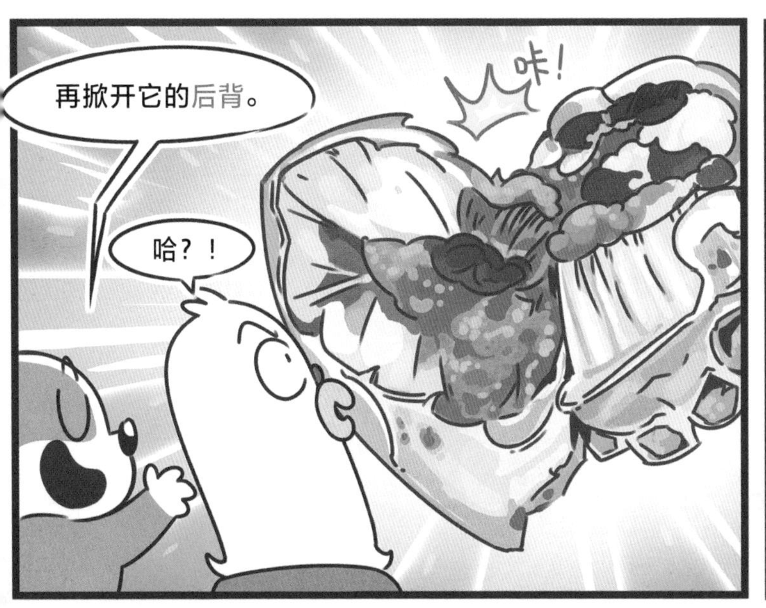
再掀开它的后背。
咔！
哈？！

哇

哇！

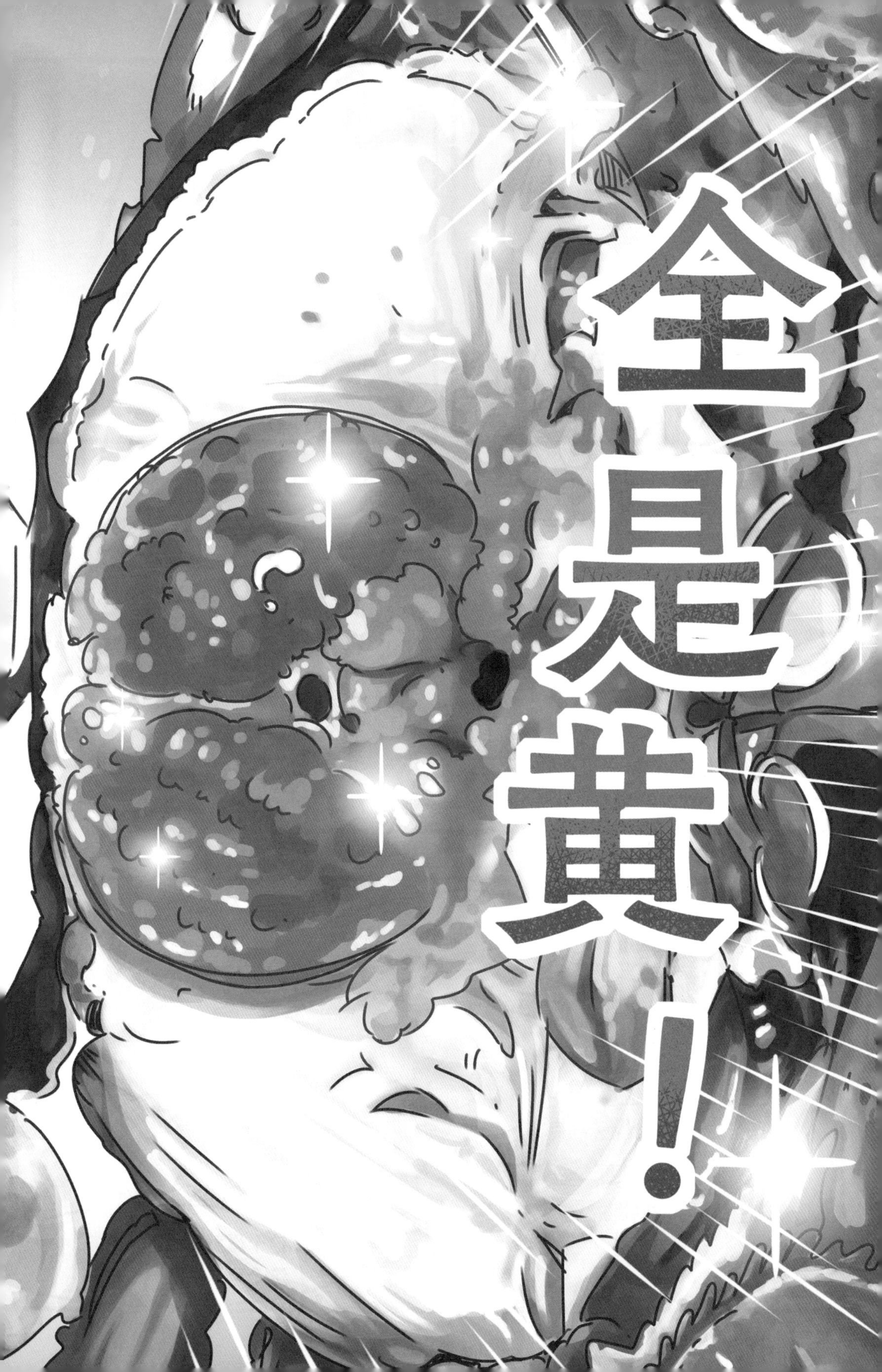
全是黄！

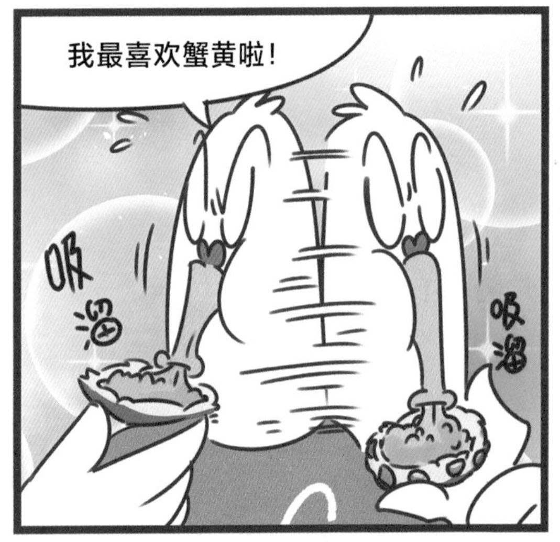
我最喜欢蟹黄啦！
吸溜
吸溜

emmm……

噫！
等等！

这个浆液质感的不是蟹黄，而是肝胰脏！不建议吃。
肝胰脏：一种消化腺。
蟹黄：母蟹的卵巢。
这个蛋黄质感的才是蟹黄！这个可以吃！

蟹黄咬起来有颗粒感，
特别鲜！
M

小魔，还有哪里能吃？
分我一点呗……

螯足
áo
螯足能吃！螯足就是螃蟹的钳子，作用是攻击敌人！
但是肉老香了！

步足
还有四对步足！是螃蟹用来走路的。
肉也是香喷喷的！
最后就是白色的腹部肌肉。
腹部肌肉
哇！腹肌！
这里是螃蟹肉最多的部位！

好吃！
好吃！
好吃！

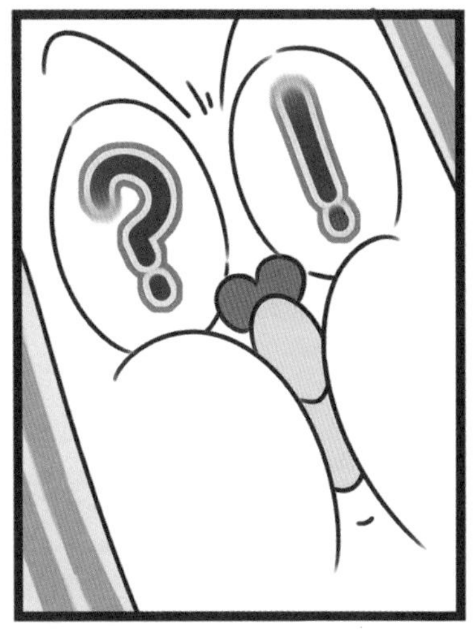

蟹膏咧？我咋没吃到蟹膏咧？

公蟹才有蟹膏！

蟹膏
蟹膏是公蟹最好吃的部位！
蟹膏：公蟹的副性腺。

蟹膏位于公蟹的输精管下方，
像半透明的果冻，营养丰富！
我是小魔，你的
科普大师！

小魔的神奇课堂

小魔你刚刚都讲啥了，我又忘了……

我再说最后一遍！！

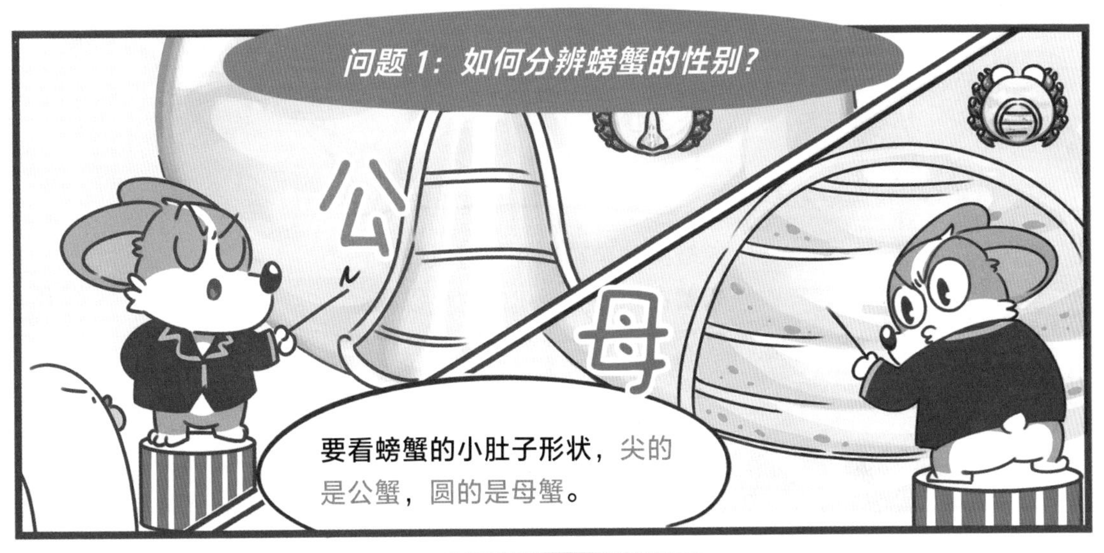

问题 1：如何分辨螃蟹的性别？
公
母
要看螃蟹的小肚子形状，尖的是公蟹，圆的是母蟹。

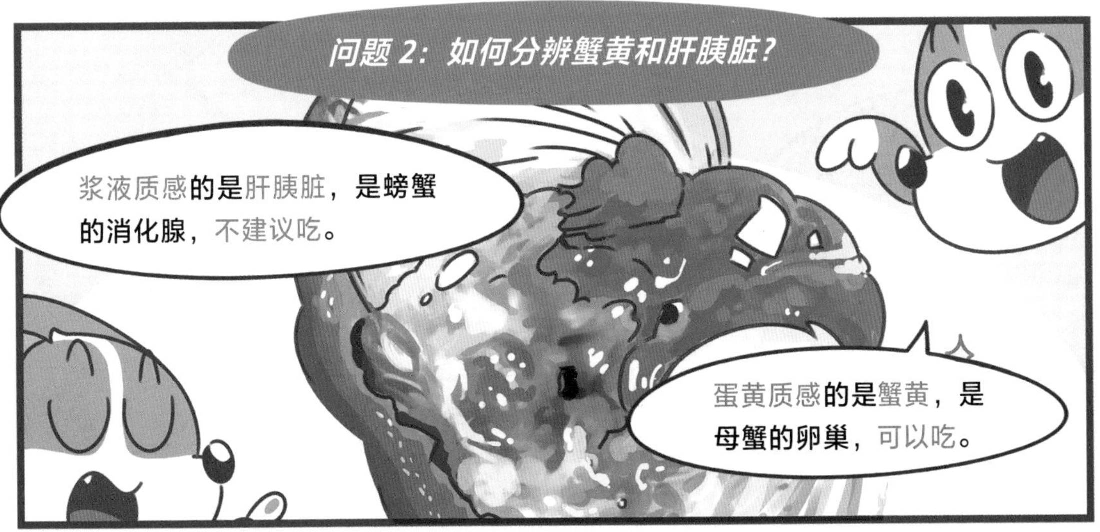

问题 2：如何分辨蟹黄和肝胰脏？
浆液质感的是肝胰脏，是螃蟹的消化腺，不建议吃。
蛋黄质感的是蟹黄，是母蟹的卵巢，可以吃。

问题 3：如何吃到蟹膏？
公蟹才有蟹膏，蟹膏是公蟹的副性腺，营养丰富，味道鲜美。

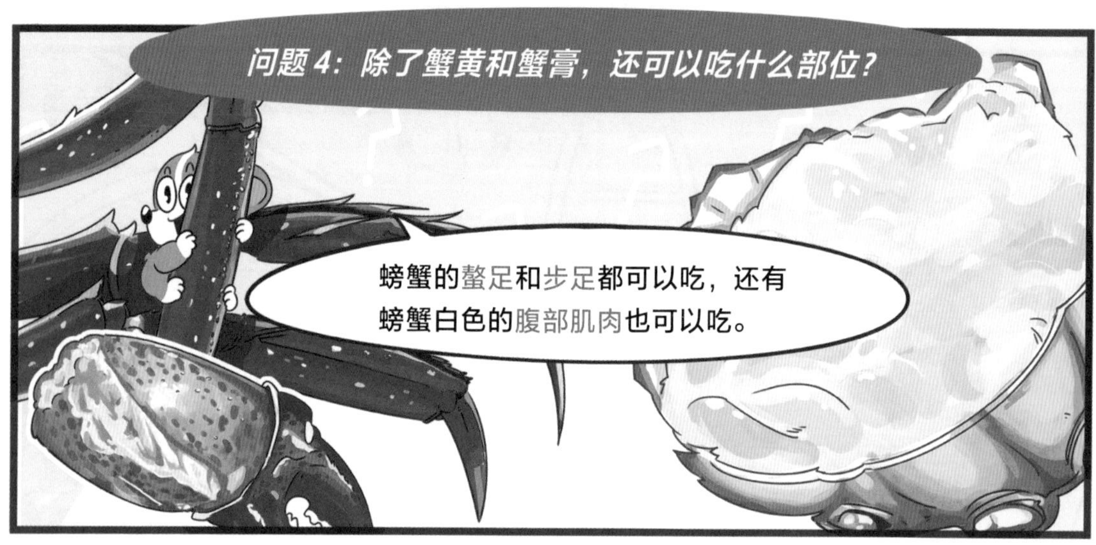
问题 4：除了蟹黄和蟹膏，还可以吃什么部位？
螃蟹的螯足和步足都可以吃，还有螃蟹白色的腹部肌肉也可以吃。

太神奇了！我学会了！
你学会了吗？

第四集

小龙虾哪里不能吃?

小龙虾
哪里能吃？
哪里不能吃？
千万别吃错咯！！

suō
嗍虾头？
吸虾黄？
嚼虾壳？
这样吃你就吃错啦！
跪

说……
咽
说话是要讲证据的……
证据
根据《小龙虾中重金属含量和分布研究》,
小龙虾中重金属含量和分布研究
虾头，是重金属含量最多的部位！
这是因为小龙虾排泄用的膀胱（páng guāng）……
膀胱
呼吸用的鳃（sāi）……
鳃
胃
消化用的胃……

都在头里。
！
哎，不听不听，
小狗念经。
嘘……
尿了！

如果小龙虾生活的水域受到污染……
重金属
咕噜……咕噜……水中（咕噜噜……）的……重金属（噜噜……）就会进入虾头（噜噜噜……）。
那……
我就挑虾黄吃吧！

别吃虾黄!!
虾头里的虾黄就是
小龙虾的肝胰脏!
这是我的解毒器官,
我会用它代谢重金属!
所以不建议你吃虾黄!
我吃虾壳补
补钙吧……

别吃虾壳！
虾壳的重金属含量，仅次于虾头！
吃这玩意儿补钙，纯属扯淡！

所以小龙虾到底
能吃哪里呢？

不吃了，毁灭吧，累了。

首先是小龙虾的钳子！
学名：螯足。
螯足
咔！
咔！
咔！
啵！
哇！
虽然作用是攻击敌人，
但这肉老香了！

然后是虾尾肉！
虾尾
这是小龙虾的腹部肌肉组织，简称“腹肌”。
弹
弹
弹
也是最好吃的部位！鲜美且有弹性！
吃的时候，分离虾头和虾身！
啪
拇指按住虾尾！抽出虾线！
虾线是小龙虾的肠道，里面黑色的东西就是屎……所以这个也不要吃！
肠道
最后剥(bāo)出虾尾肉……

这就可以吃了!

小魔的神奇课堂

?
小魔你刚刚都讲啥了，我又忘了……

我再说最后一遍！！

问题 1：小龙虾的虾头能吃吗？
不建议吃。根据《小龙虾中重金属含量和分布研究》，虾头是重金属含量最多的部位。
小龙虾中重金属含和分布研究

问题 2：为什么虾头里的重金属含量最多？
因为小龙虾呼吸用的鳃、消化用的胃，排泄用的膀胱，都在头里。

问题 3：重金属打哪儿来的呢？
现在小龙虾几乎都是人工养殖，如果养殖小龙虾的水域受到污染，水中的重金属就会进入虾头。以防万一，不建议吃虾头。

问题 4：小龙虾的虾黄、虾壳能吃吗？
不建议吃。虾黄是小龙虾的肝胰脏，是一种解毒器官。虾壳的重金属含量仅次于虾头。

问题 5：小龙虾的哪些部位可以放心吃？
螯足和腹部肌肉都可以吃。吃的时候抽出虾线，虾线是小龙虾的肠道，里面黑色的东西就是屎。

太神奇了！我学会了！
你学会了吗？

第五集

鸭脖能不能放心大胆吃？

鸭脖
能不能放心大胆吃？

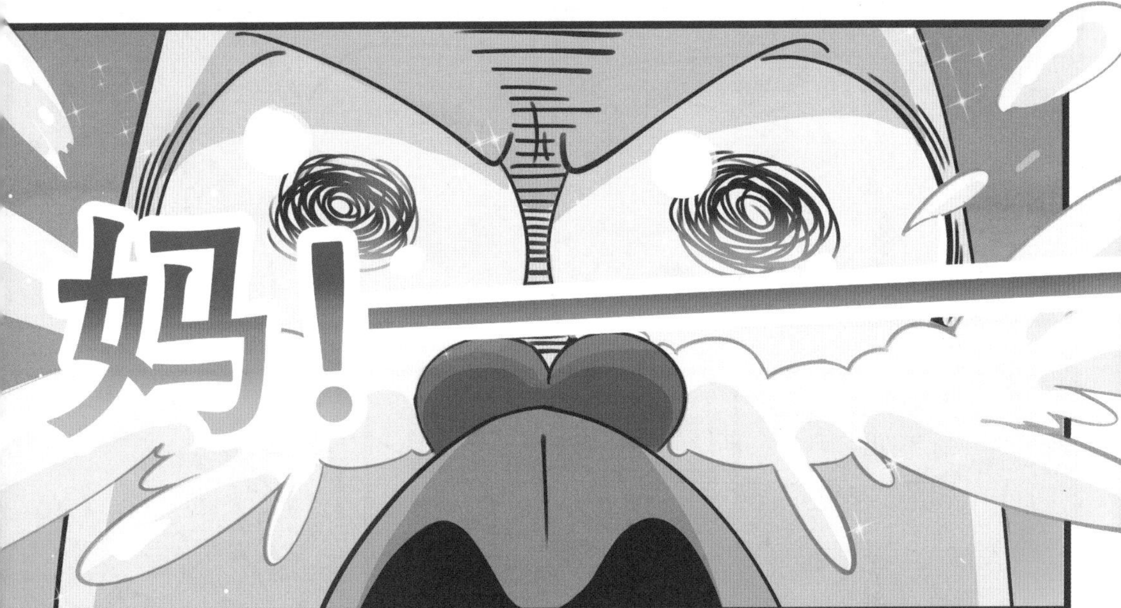
妈！

我要吃鸭脖！！！太香了！！！
鸭脖
卤鸭脖
卤鸭脖脖脖脖——

不卫生，
不吃。

卫生，
吃吧。

鸭脖咯咯咯咯咯咯咯咯咯咯……

咯咯咯咯咯咯咯咯咯咯咯咯……
想吃……

鸭脖里有淋巴结
你不知道啊？

啥淋巴结……
不走，就吃！

香喷喷的卤鸭脖！

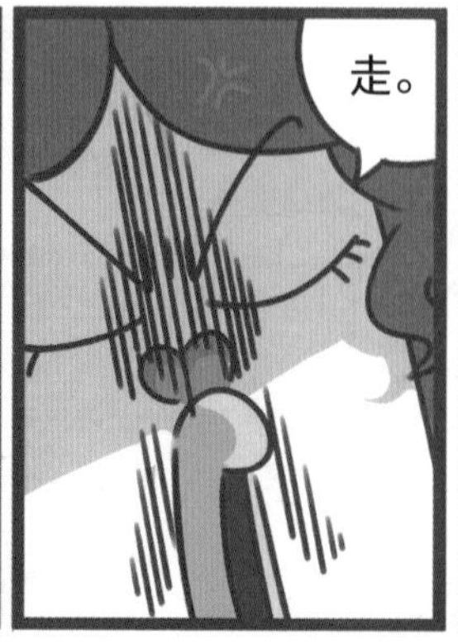
走。

吃吧！

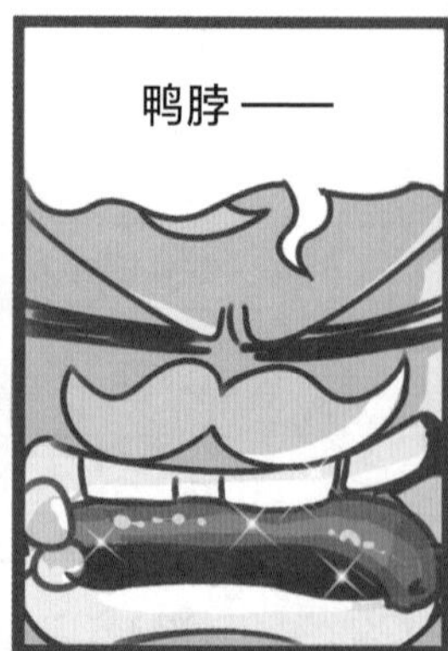
鸭脖——

走……

就不走！就吃！
吃！
吃！

哎！
就不走！
吃！
就吃！

鸭脖咯咯咯咯咯咯咯咯……
卤鸭脖
鸭脖
我不管！
就吃！
吃！
我就要吃！
吃！
吃吃吃！
就要吃！

回家妈给你做别的吃。
鸭脖
卤鸭脖
好……

吃鸭脖吗，小狗？
汪！

！

妈！小魔在买不干净的鸭脖！
！

嘘——
别胡说——

啪!

鸭的脖子上确实有淋巴结!
咬
而淋巴结呢，

是免疫器官!
免疫器官?

是可以过滤病原体（造成人和动物、植物生病的细菌、病毒等）的器官！

里面可能会残留细菌、病毒等，

所以鸭脖上的淋巴结确实不应该食用。
食用

那我没说错吧！

鸭脖里就有淋巴结！

你可不能吃鸭脖！

就是就是！你不能吃！

可以吃哦。

啊？
嘿，这你们就不懂了吧！

鸭脖上的淋巴结
主要分布在皮下！
所以去掉皮就可以吃，
一般商家都会去皮的。
没错！我们都去皮的！
可以放心吃！
妈……
这鸭脖…… 好像
又能吃了。
啊
你拿来吧。

小魔的神奇课堂

小魔你刚刚都讲啥了，我又忘了……

我再说最后一遍！！

问题 1：鸭脖上有淋巴结？
鸭脖上确实有淋巴结，淋巴结是免疫器官。

问题 2：鸭脖上的淋巴结能吃吗？
淋巴结是可以过滤病原体（造成人和动物、植物生病的细菌、病毒等）的器官。

里面可能会残留
细菌、病毒等，
所以鸭脖上的淋巴
结不应该食用。

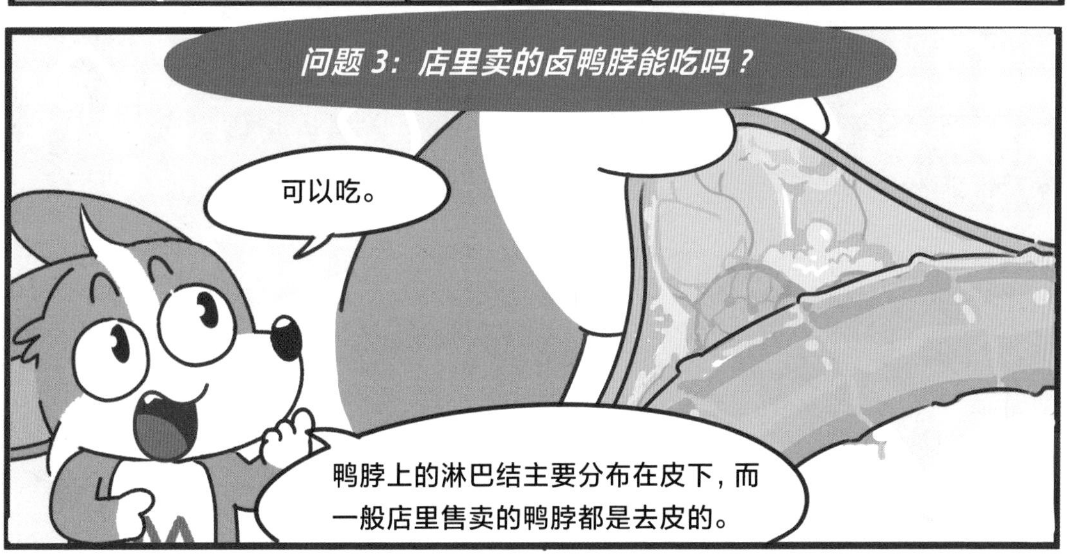
问题 3：店里卖的卤鸭脖能吃吗？
可以吃。
鸭脖上的淋巴结主要分布在皮下，而
一般店里售卖的鸭脖都是去皮的。

太神奇了！我学会了！
你学会了吗？

第六集

为什么牛肉发出异样的颜色？

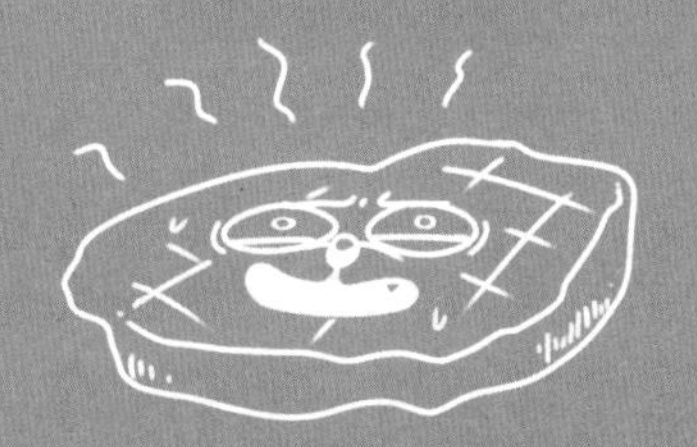

牛肉发出异样的颜色？
能不能放心大胆吃？

什么？！
数学考了
100 分？！
上学期 期末考试试卷
数学
一
二
三
四
五
六
七
总分
妈活了这么多年……
没想到家里还能出个满分神童啊……
的分数单位就是最小的质数。
还好啦，这都是妈
妈教育得好……

闭嘴！
人家小魔考100分！
你在这儿嘚瑟啥啊？！
dè se
你给妈考个60分
都烧高香了！

来！小魔，多吃点牛肉补补。

老板！再给我来5份
牛腱子肉！
jiàn
哦。

气死我了……

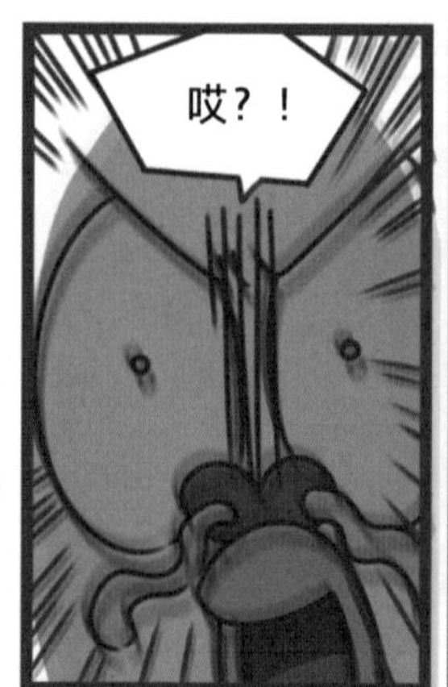
哎？！

妈！你快看这牛肉！

它绿了！
绿了！

过来！
你家肉咋发绿光了？！是不是坏了！把咱家神童毒傻了咋整？！
呃……呃……

没事儿！咕咕妈！

这个牛肉发绿光可以吃！

这只是一种物理现象。
273K
36000km
Δ s=aT^2
F=G(m1m2)/r^2

物理现象？！
物理现象？！
物理现象？！

shān yǎn
叫光栅衍射！

啊？！
啊？！
啊？！

瘦牛肉里面的肌肉，就像
无数条捆在一起的细丝！
当它们被垂直
切开时！
切面就会出现凹凸状结构！
让照上去的光“散开”！
因为人眼对蓝光和红光不太敏感，
所以你看到的牛肉就会发绿。
苍蝇翅膀上的绿光也是这个原理哟！

我明白了！
妈，牛肉发绿光，跟苍蝇发绿光一样的意思。
嗯？
不是啊！

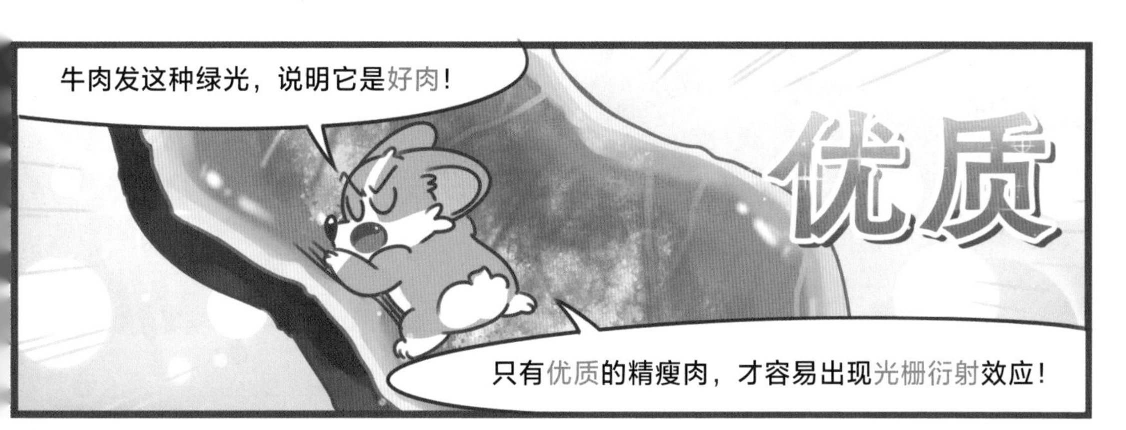
牛肉发这种绿光，说明它是好肉！
优质
只有优质的精瘦肉，才容易出现光栅衍射效应！

啊，你早点说能吃不就完了吗？

那我这块更绿！

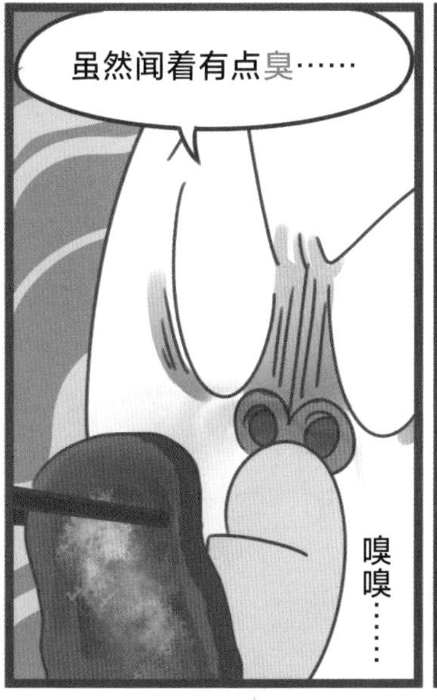
虽然闻着有点臭……
嗅嗅……

呕——

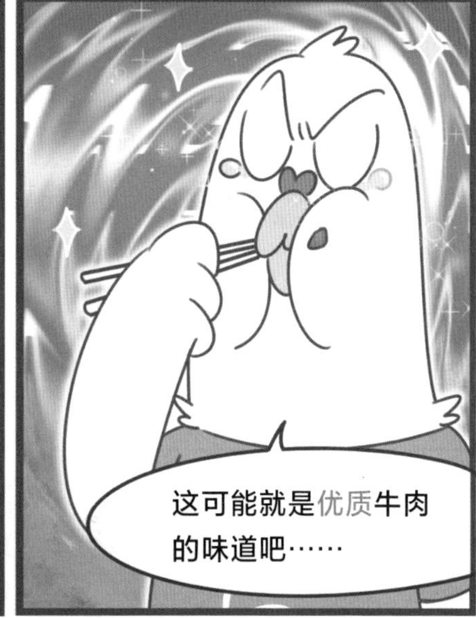
这可能就是优质牛肉的味道吧……

不能吃啊！
啪！

咋又不能吃了呢，
你不刚说完能吃吗？

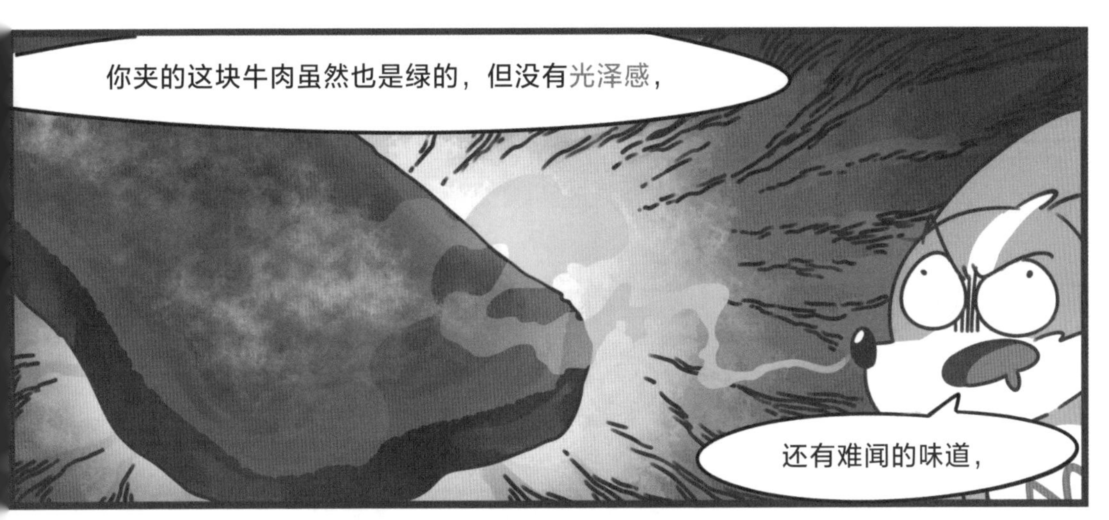
你夹的这块牛肉虽然也是绿的，但没有光泽感，
还有难闻的味道，

表面还有黏液……

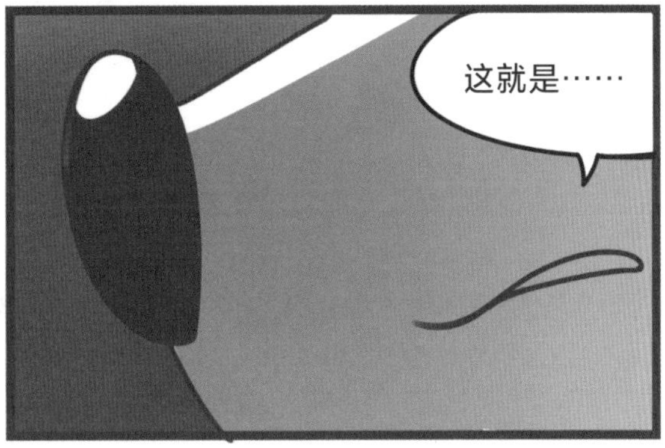
这就是……

绿色魏斯氏菌引起的食物变质！
这种很危险！

咕咕妈！这样的牛肉不能放心大胆吃了。
收到，我的科普大师。
再换一家吃！！
哇

小魔的神奇课堂

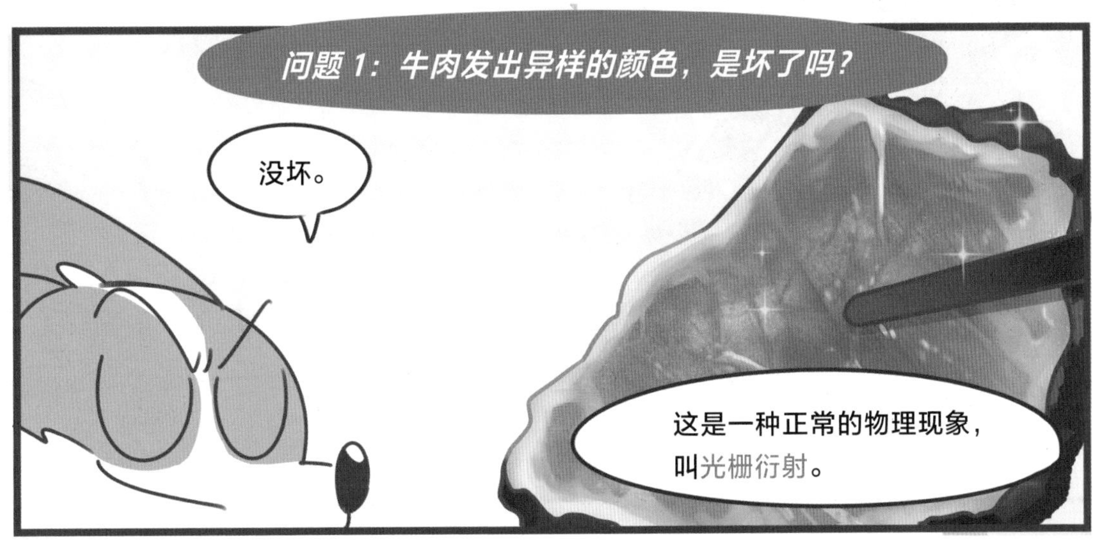

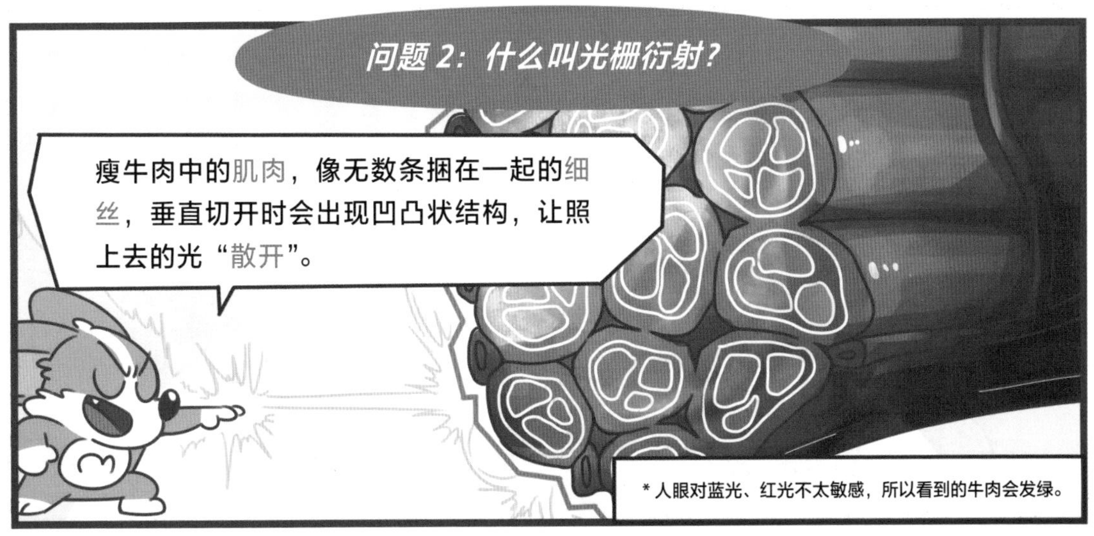

* 人眼对蓝光、红光不太敏感，所以看到的牛肉会发绿。

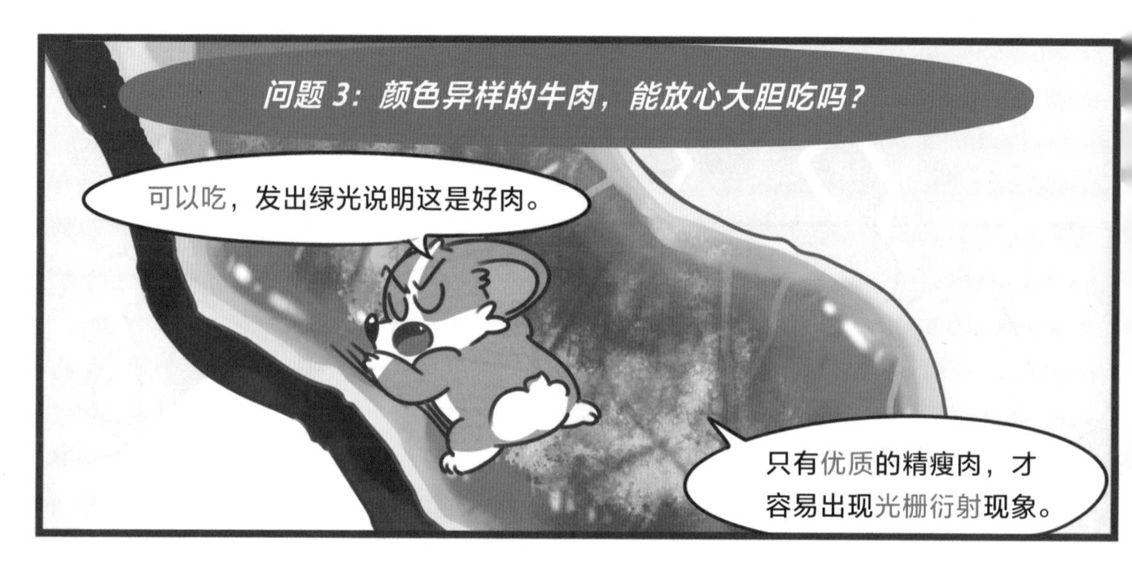
问题 3：颜色异样的牛肉，能放心大胆吃吗？
可以吃，发出绿光说明这是好肉。
只有优质的精瘦肉，才容易出现光栅衍射现象。

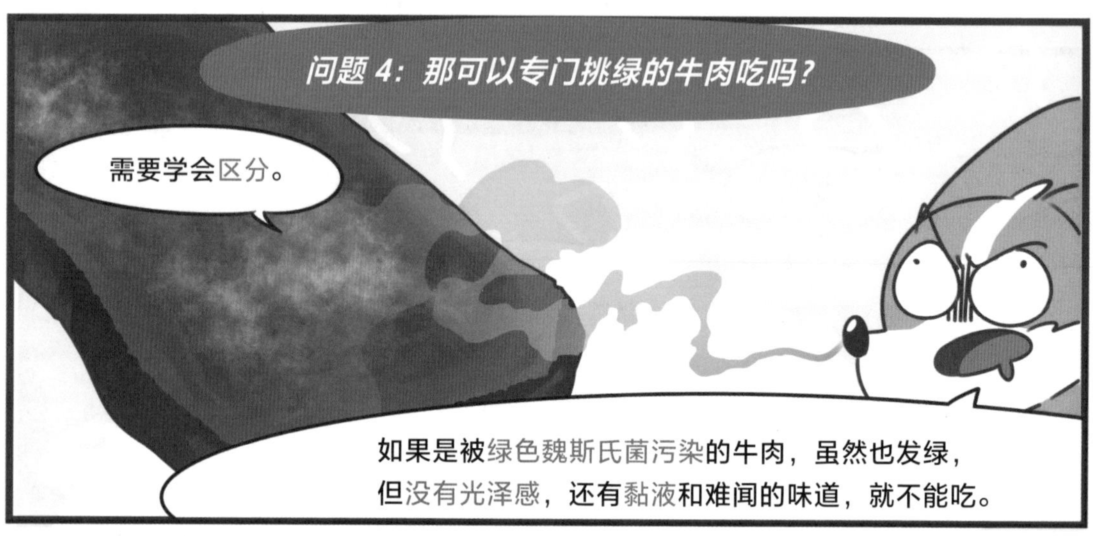
问题 4：那可以专门挑绿的牛肉吃吗？
需要学会区分。
如果是被绿色魏斯氏菌污染的牛肉，虽然也发绿，但没有光泽感，还有黏液和难闻的味道，就不能吃。

太神奇了！我学会了！
你学会了吗？

后记　教你如何画小魔和咕咕咕

怎样轻松地一口气画出小魔？

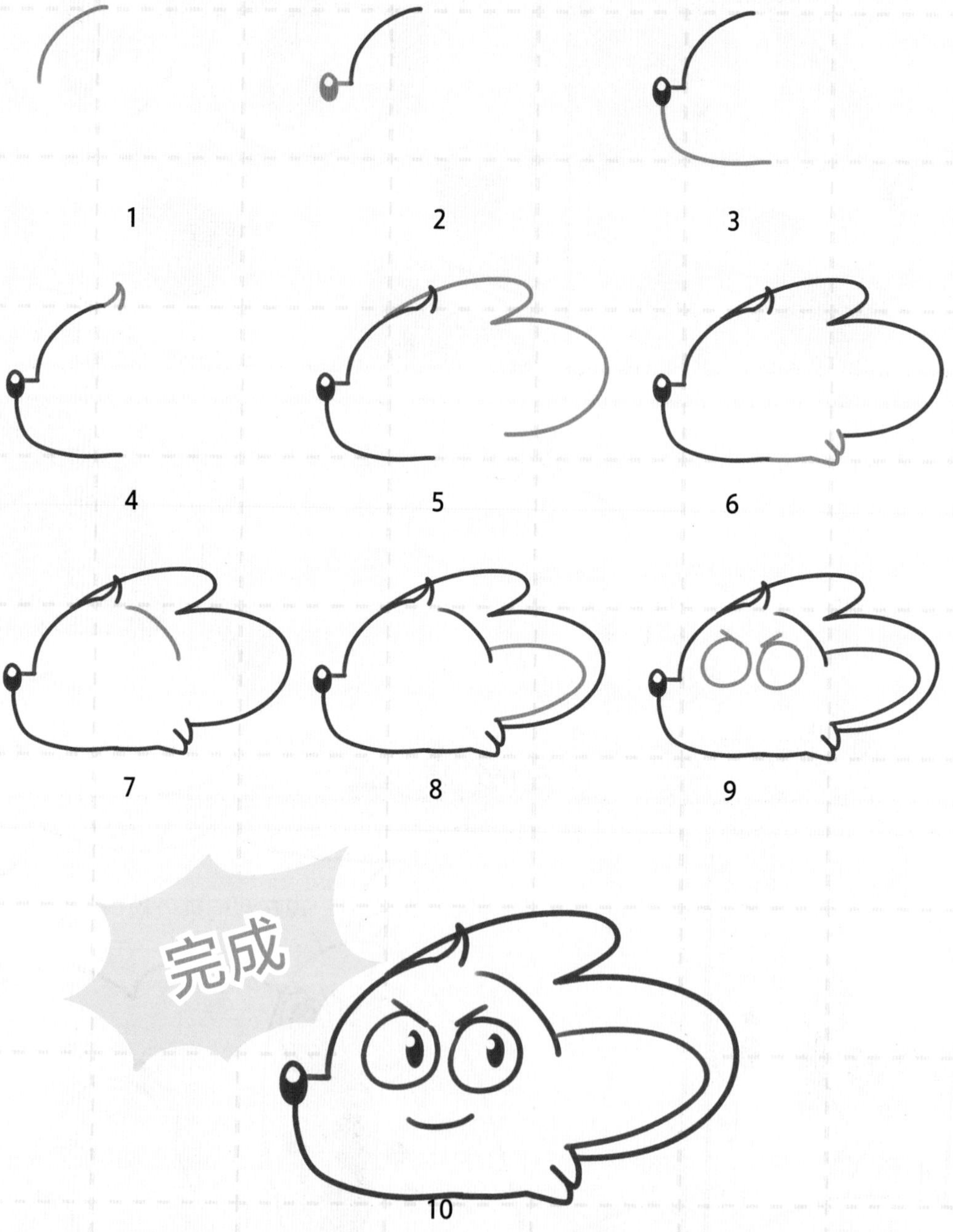

1

2

3

4

5

6

7

8

9

完成

10

怎样轻松地一口气画出咕咕咕?

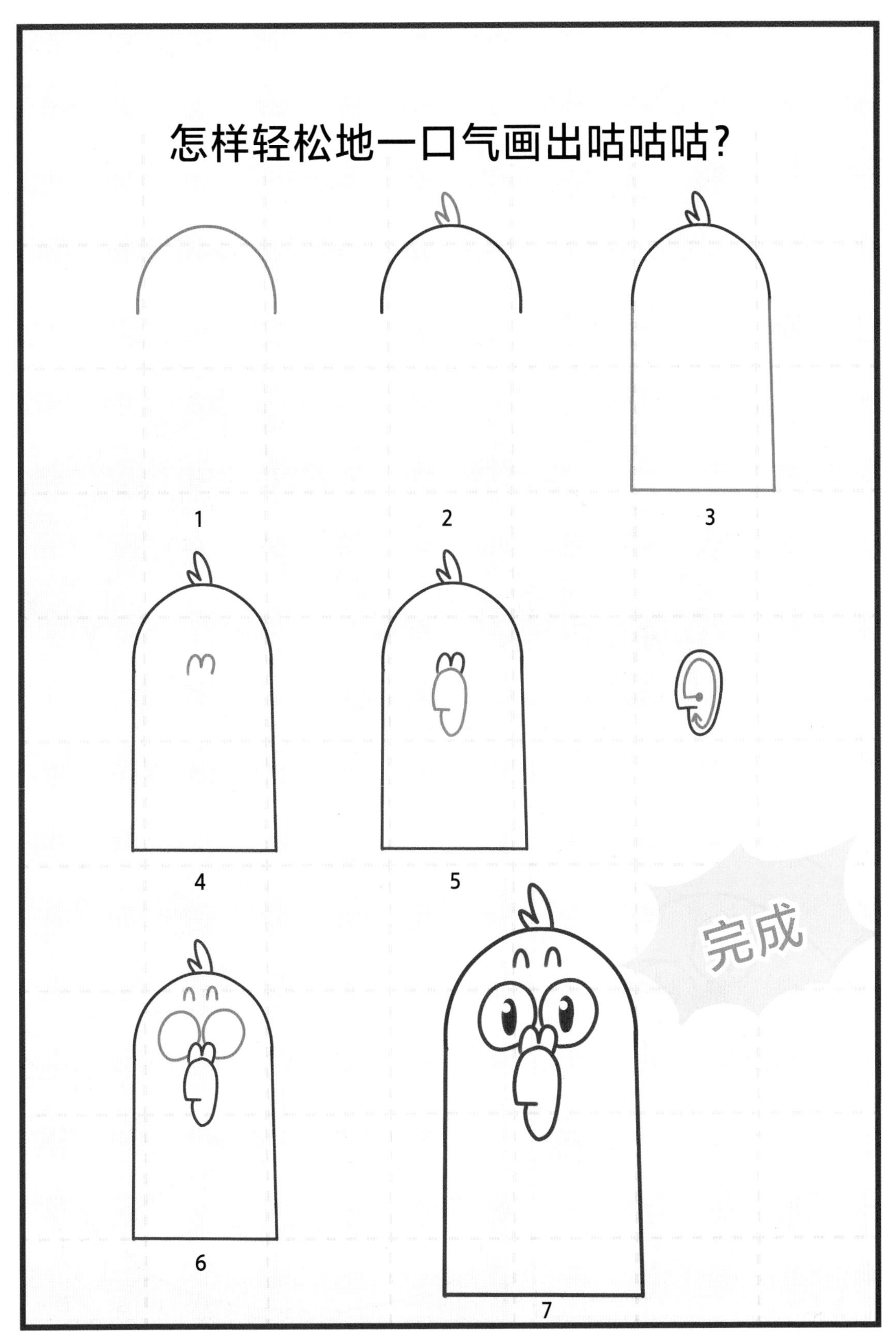

我学会啦！
你学会了吗？

我们下本书再见！

等等！

迷宫地图的答案在下一页！

任务一答案	
任务二答案	○
任务三答案	△

第一章　地图

任务一

找到从开始到终点最快的路

任务二

找出8个“M”广告牌

任务三

帮路人找孙子

第二章　地图

任务一

找到从开始到终点的路

任务二

找出5本丢失的书

任务三

帮警察叔叔找到神偷

小魔主创团队介绍

策划

黄警官

分镜

大佬C

绘制

张大嗨　　娃娃鱼

铁　男　　乌鸦蛋

协力

进　宝　　鞠老板　　王大宝

知了猴　　小　红

微信公众号关注
“我是小魔”

免费阅读

0篇美食科普漫画!

图书在版编目（CIP）数据

超有趣的美食大冒险 / 我是小魔著 . -- 南京 : 江苏凤凰文艺出版社 , 2023.4（2025.1 重印）
ISBN 978-7-5594-7557-2

Ⅰ . ①超… Ⅱ . ①我… Ⅲ . ①食品安全—儿童读物 Ⅳ . ① TS201.6-49

中国国家版本馆 CIP 数据核字（2023）第 033202 号

超有趣的美食大冒险

我是小魔 著

责任编辑　周颖若
特约编辑　张亚一
装帧设计　铁　男　张大嗨　大佬 C　黄警官
出版发行　江苏凤凰文艺出版社
　　　　　南京市中央路 165 号，邮编：210009
网　　址　http://www.jswenyi.com
印　　刷　北京盛通印刷股份有限公司
开　　本　700 毫米 ×980 毫米　1/16
印　　张　20
字　　数　235 千字
版　　次　2023 年 4 月第 1 版
印　　次　2025 年 1 月第 13 次印刷
书　　号　ISBN 978-7-5594-7557-2
定　　价　68.00 元